新型农民经营管理型人才培训教材

农民培训
好帮手

农村经纪人
培训读本

◎ 王彦勇　刘宏印　编著

中国农业科学技术出版社

图书在版编目(CIP)数据

农村经纪人培训读本/王彦勇,刘宏印编著. —北京:
中国农业科学技术出版社,2010.12
新型农民经营管理型人才培训教材
ISBN 978-7-5116-0353-1

Ⅰ.①农… Ⅱ.①王…②刘… Ⅲ.①农村经济—经
纪人—技术培训—教材 Ⅳ.①F321

中国版本图书馆 CIP 数据核字(2010)第 240726 号

责任编辑　张孝安
责任校对　贾晓红

出 版 者　中国农业科学技术出版社
　　　　　北京市中关村南大街 12 号　邮编:100081
电　　话　(010)82109708(编辑室)(010)82109704(发行部)
　　　　　(010)82109703(读者服务部)
传　　真　(010)82109709
网　　址　http://www.castp.cn
经 销 者　新华书店北京发行所
印 刷 者　北京富泰印刷有限责任公司
开　　本　850mm×1 168mm　1/32
印　　张　5
字　　数　110 千字
版　　次　2011 年 1 月第 1 版　2015 年 6 月第 6 次印刷
定　　价　20.00 元

前　　言

"三农"问题,始终是我们这个传统农业大国的根本问题,也将是很长一段时间中我们要着重办好的大事。当前我国总体上已到了以工促农、以城带乡的发展阶段,初步具备了加大对农业和农村支持保护的条件和能力。加快社会主义新农村建设,实现城乡和农村经济社会的协调发展,是当前农村工作中最主要的任务。

在社会主义新农村建设中要充分发挥农民的主体作用,使农民有独立的社会地位、有平等的发展机会和获得更多社会资源的能力;使农民有自主选择职业和劳动方式、自主支配自己的劳动对象和劳动成果、自主选择进入市场参与市场竞争的权利;使农民在建设社会主义新农村的建设实践中能体现出创新精神、创业意识、创造性劳动和不断地提升与实现自身社会价值和自我价值的能力。要实现这些目标,发挥农村经纪人的作用,提高农村经纪人的个人素质和业务水平就成为工作中的一件大事。

随着社会主义新农村建设的快速发展,我国农村涌现出一批以从事农产品及其相关中介业务为主的农村经纪人,他们有一定的市场经验和业务基础,他们更了解市场和熟悉市场经济规律,通过辛勤的劳动,为众多的企业和农民朋友提供多方面的服务,为广大农民朋友寻找市场、增加收入、促进农村经济乃至我国经济的发展都起到了重要的作用。但从整体上看,农村经纪人的基本素质还不尽如人意,业务水平还有待加强。许多农村经纪人还缺乏基本的法律知识,既不能遵纪守法,又不懂得利用法律来有效地保护自身的权益。这些问题的存在,为经纪人队伍的进一步发展设置了障碍。

不仅仅是农村经纪人,包括农村基层干部和一些有志于农村经纪这一行业的人员,都应该了解农村经纪人需要具备的素质、经纪人的业务基础和相关的法律基础等内容。为了配合农村劳动力转移培训阳光工程等活动的实施,扎扎实实地推进社会主义新农村建设,我们编写了这本《农村经纪人培训读本》。全书共分九个单元,分29课讨论了与农村经纪人相关的各个方面的内容,是为农村经纪人和相关人员量身定做的一本培训教材。

本书写作过程中参考了大量相关书籍、期刊和网站内容,在此我们对这些文章和书籍的作者表示深深的感谢。由于时间仓促及编者水平所限,难免会有疏漏和错误之处,敬请读者批评指正,以便我们将来能更好地为读者服务。

编者

2010 年 10 月

目 录

第一单元 农村经纪人基础知识

第1课 农村经纪人的出现

一、农村经纪人的含义

经纪人是指为买卖双方介绍交易、进行沟通,从中获得佣金的中间人。经纪人的主要特点是:给买卖双方提供信息交流,以及所需服务,并撮合双方达成交易。经纪人并不拥有货币和商品,只是帮助买卖双方进行谈判,并在达成交易后,从中获得一定金额的薪金,这笔薪金可以是固定的,也可以是交易额的一定比例。

农村经纪人是指为农业产品买卖双方介绍交易、进行沟通,从中获得佣金的中间人。也就是说,农村经纪人就是指农民中为促进农产品生产者与需求者之间相互衔接和有效沟通,从中取得购销差价或佣金的中间人或运销商。

中国市场经济刚刚发展起来,因此在中国广大的农村,只为买卖双方介绍交易、提供沟通服务,自身并不拥有商品和货币,从中赚取佣金的中间人或运销商并不多。事际上,这些中间人在大多数情况下,既赚取买卖双方的佣金,同时也贩运农产品从中赚取购销差价。

在市场经济不断发展的情况下,农业市场也会随之不断地扩大,这就要求有着更多的农村经纪人为农产品的买卖进行服务,因此农村经纪人的数量也将会得到扩大。在农村经纪人的数量扩大的同时,面对飞速发展的市场经济,农村经纪人这一职业则需要更有学识与智慧,更懂得经营的农民或熟悉农业知识的人加入其中。

二、农村经纪人的出现

我国社会主义市场经济得到了有力的发展,进而促进了农业产业化经营步伐和产业结构调整的发展,为了对新型的发展模式加以适应,农村经纪人便应运而生了,他们是在农村中以销售农副产品为工作的中间人。可见,农村经纪人是从传统的生产方式中诞生的。

1.农村经纪人的产生

20世纪90年代初,开始出现农村经纪人,到90年代后期,农村经纪人作为一个行业得到大力发展,并呈现为加速的发展趋势。在我国市场经济的迅猛发展中,农村经纪人的出现和发展不仅有着深刻的社会背景,而且有着自身发展的必然性。

(1)在市场经济发展中,农业产业化规模得到前所未有的发展,在此基础上生产出来的农产品,就迫切的需要寻找突破口来进行销售。也就是说,农产品连年获得丰收,从而出现了大量剩余农产品积压的现象,剩余的农产品必须尽快进入市场,进行流通,否则会导致农产品的损耗,所以就需要有一批农副产品的销售人员。

(2)资本和经验的不断积累,给农村经纪人的产生提供了物质基础和精神基础。自从我国市场经济得到大力发展后,农村中一大批人积累起丰富的农产品销售经验,这使一些有着经营头脑和勤劳肯干的农民率先富裕了起来,所以在市场经济下一批农村经纪人便应运而生了。

(3)在我国农村,大部分农业生产还只是一家一户的独立生产,这样小规模的生产方式,生产规模不仅落后,而且完全没有能力占领市场。另外,随着产业结构调整的速度不断加快,大量的农产品生产出来,多得难以储存,这就需要有一个中间环节,有人把农产品推销到市场上。这在客观上,使农村经纪人这一行业得以产生。

(4)市场经济是变化万千的,因此需要有一大批农副产品经纪人遵循市场规律,抓住市场的销售时机,把农产品销售出去,而这些农产品中间人必须了解市场行情,而且会管理和经营,所以农村经纪人必须具有专业素质和灵通的市场信息,这样才能经营的好。

2. 农村经纪人的发展

我国改革开放之初,农村中已经开始出现了"贩运户",这就是那时农村经纪人处于萌芽中的形态,也就是农村经纪人的前身。到了 21 世纪,市场经济经过多年的发展,农村经纪人逐渐走向了成熟,同过去的"贩运户"相比,已经不是同一个概念了,其发展与变化要从以下几个方面看出。

(1)农村经纪人越来越重视文化知识。农村经纪人越来越懂得,取得最大收益的关键所在就是文化知识。只有具备了更多的文化知识,才能拥有创新的思维方式,从而使农村经济人的业务水平得到提高。只有具备更高的文化素质,才能开阔农村经济人的视野,从而获得更广泛而准确的信息,只有这样才能为开拓新的市场打下良好的基础。

(2)农村经纪人的数量不断增多。2007 年,国家工商总局统计,到 2007 年 6 月为止,全国 31 个省份的经纪职业人员达到了 67 万多户,农村经纪人总数达到 42 万户,经纪的业务量达到了 1 900 亿元。农村经纪人的经营项目,大体上覆盖了粮食、棉花、水果、蔬菜、水产、油、家禽、畜牧、苗木、茶叶和药材等土特产品。

(3)农村经纪人的经营范围在逐渐拓宽。20 世纪 90 年代,农村经纪人主要经营农副产品,如蔬菜、水果等,而现在农村的生产经营范围已经从农业的生产与经营,渐渐地扩展到第二产业和第三产业领域。有一些农村经纪人已经迈进了生产、加工和销售一体化的道路,走向了产业化经营模式。

(4)农村经纪人的观念在不断更新。经纪人的思想比较开放,能够比其他人更容易更快的接受新的观念与事物,并对新生事物能够很快的加以掌握,而且农村经济人还具有敢于冒险的精神和百折不挠的勇气。正是因为农村经纪人具有以上特点,他们才比其他人敢于闯市场,并且有勇气克服困难。现在,绝大多数经纪人已经没有过去那种"小富即安"的小农意识,以及贪图享受的心理,他们锐意进取,相信科学,具备了现代农民的许多优良素质。

(5)农村经纪人的能力越来越强。经纪人在市场风浪里经过了多年的磨练,了解市场运行规律,懂得开拓市场,有着经营经验,使农副产品参与到市场流通之中去,对市场风险能够及时回避。同时,农村经纪人还能快速地获得市场信息,把握市场机会,判断市场行情;还能以市场为载体,通过市场来对农产品的生产与销售进行调节。

第2课　农村经纪人的分类

农村经纪人是经纪人行业中一个庞大的群体,是商品生产和市场经济双重作用下的产物。从不同角度来看,农村经纪人的种类区别是非常多的。常见的农村经纪人可按组织形式、经营方式、经纪商品、经营类型、经营性质和利益机制等方面来划分。

一、按组织形式划分

农村经纪人按照组织形式来划分,可分为合伙经纪人、个体经纪人和公司制经纪人。

在经纪活动中,常见的农村经纪人组织有个体经纪人、农村经纪人公司、合伙经纪人、农村专业合作经济组织和农村经纪人协会等。

二、按经营方式划分

农村经纪人按照经营方式划分,可分为三种,即代理经纪人、中介经纪人、自营经纪人。代理经纪人和中介经纪人的经纪活动,都属于经纪人从中间获取一定佣金。自营经纪人则是通过低价购进,然后以高价卖出,从中获取一定的差价赚取利润。

三、按经纪的商品划分

农村经纪人主要从事哪种农产品经纪,就是哪种农产品的经纪人。如果农村经纪人经营的是棉花,就是棉花经纪人。按照经营行业的商品划分,农村经纪人可分为蔬菜产品经纪人、特色产品经纪人、粮食经纪人、果品经纪人、水产品经纪人、种植业产品经纪人、中药材经纪人和畜禽产品经纪人等。

四、按经营类型划分

农村经纪人按照经营类型划分,可分为农村信息经纪人、农村科技经纪人、劳动力输出经纪人、农产品供求经纪人等。

(1)农村信息经纪人是把自己掌握的市场行情、科技知识、养殖业、种植业、农产品加工及政策等多方面的信息提供给农民,并从中收取信息服务费。

(2)农村科技经纪人是利用自己掌握的技能为农民服务,并收取一定金额的佣金的科技传授者。

(3)劳动力输出经纪人一般都和某些城市的职业介绍所以及大、中型企业有着一定的联系,他们是把农村剩余劳动力介绍到城市中去从事绿化、建筑、卫生、家教和清洁服务等工作。

(4)农产品供求经纪人就是做农产品生意的人,农村的买卖人。在农村,他们大都从事农产品购销活动,把农民生产的产品收购进来,再寻找销路卖出去,同时把农民需要的产品和生产资料购买回来,再卖给农民。

五、按经营性质划分

农村经纪人按照经营性质划分,可分为兼职经纪人和专业经纪人。兼职农村经纪人是指在特殊的时间内,特别是在农产品收获季节里,从事农产品经纪活动的人,这类经纪人具有季节性,既从事农产品生产活动,又从事农产品销售活动,具有双重性。专业经纪人是指不从事产品生产,专门从事产品销售活动的人或企业法人。随着经营形势不断的发展,兼职农村经纪人很可能会发展为大的生产业主,并且有可能发展为专门从事农产品销售的营销企业法人。

六、按利益机制划分

农村经纪人按利益机制来划分,可分为利益共享型经纪人和供种收购型经纪人。

1. 利益共享型经纪人

利益共享型经纪人就是和农民建立起紧密的合作关系,形成利益共享与风险共担机制的经纪人。农村经纪人一方面利用其科技知识、经营项目、资金和经营经验的优势;另一方面依靠成千上万种植、养殖,以及从事加工业的农户,为其提供丰富的农副产品,按照市场经济的利益机制,通过建立以农村经纪人为纽带的利益共同体,建立契约关系,进行风险共担与利益共享,让农产品有销路,让农民有生财之道,实现利益共享。

2. 供种收购型经纪人

供种收购型经纪人是指大户带小户的订单式带动型经纪人。由骨干农户或专业大户和农民签订订单,提供种苗和种子,以保护价来进行订单收购。经纪人在深入市场摸准行情的基础上,向群众宣传种养信息和市场动态,同时积极为农民群众提供销路,大力引导发展订单农业,并对农产品的生产进行技术指导,以保护价收购农产品,让农民可以安心生产。

第 3 课　农村经纪人的作用

农村经纪人是我国农业生产状态下的必然产物。农村经纪人的经纪活动,对农村的发展有着非常深远的社会影响。农村经纪人通过其经纪活动,解决农民生产销售的难题,使农业生产结构得以调整,保证了农民收入的增加,促成农村劳动力就业。在农村经纪人的带动下,农民建立起了强烈的质量意识、诚信意识、合同意识。农村经纪人的经纪活动,使农村和市场产生了实质性的对接,并且将农民的行为方式、思维方式、生产方式改变了,而且随着农民收入的提高,其消费方式与投资意识也发生了很大的变化,这种变化又间接地推动了农村向城市化的发展方向。那么,农村经纪人具体有哪些作用? 这主要表现在下面几个方面。

1. 降低生产风险,增加农民收入

农民增收是农村发展经济、提高效益的根本目的。农村经济的生产是在不断循环中得到发展的,农民收入也自然是在不断循环中得到增加的。如果农民生产的产品难以顺利销售,那么就会影响到再生产的进行,进而影响到农民的增收。因此,农副产品的流通是制约农村发展和影响农民增收的关键所在。农村经纪人是市场需求和农业生产之间的纽带,他们在引导和调整农民生产的同时,则会利用自身的市场资源将农民的产品推销出去,使农民的生产活动可以持续有效地转变为不断增长的现金收入,从而保证了农民的经济收入。

2. 有利于生产资料供需平衡

农村社会经济再生产的物质基础就是生产资料。在农业生产资料生产与农业生产对生产资料的需要持续平衡的前提下,农业生产才能得到稳定而持续地发展。如果化肥、种子、农业机械、农药等这些农业生产资料在质量、品种和价格上,不能达到农业生产的要求,就一定会影响到农业生产。

由于生产资料的生产经营专业性较强,生产又相对集中,成本和价格较高,运输和存储较一般商品更为繁杂,市场销售工作也比较复杂。而农业生产季节性强,规模小,时空分布相对分散,所以在时空上,生产资料的供求经常会出现这样的情况:农民需要的产品,他们不知道应该去哪里购买;工厂生产出的产品,也不知道哪里的农民有所需要。即便是在较为完善的市场经济体制下,生产资料的供求也不可能完全由一般商业组织机构来完成。

在此情况下,生产资料经纪人可以对其缺陷和不足进行弥补。经纪人对于商品并不实际拥有,因此不需要垫支资金,这就避免了运输和存储的麻烦,再加上他们拥有各类生产资料的专业知识和灵通的信息,所以在各类生产资料的供求之间经纪人仅仅是充当中介的作用,通过经纪人的牵线搭桥,使生产资料供求双方达成交易,得到满足,从而促进了双方的再生产。

3. 促进农民的小生产与大市场的对接

在我国计划经济时代,农民生产什么,销售到何方,都是由国家统一对农产品进行统购统销,完全不用农民自己操心,农民只需要按国家计划安排生产就可以了。但在市场经济的情况下,政府不再靠指令性计划指挥农业生产,也不再对农产品统购统销,农民被推向市场。在此形势下,农民对市场经济的不适应性完全暴露了出来,农民不知道应该种什么农产品,更不知道销售到哪里,如何销售,因而大部分的农民生产具有着极大的盲目性和趋同性,大量农产品被积压,由于过剩生产,导致农民增产不增收,严重影响了农民生产的积极性。

在这样的情况下,农村经纪人应运而生了,他们的出现使这一矛盾得到缓解,他们根据地区间的农产品差价,及时收购、转运和销售农产品,不但使自身获得利益,而且又帮助农民把产品转化为收益。

4. 促进了农村劳动力就业

农村经纪人从事经纪活动的模式一般采用"市场＋经纪人＋农户"。在这种模式下,一个经纪人和若干户农民有着联系,少的几户,多的上百户、上千户甚至上万户。由于经纪人为众多农户提供技术指导和生产信息,帮助农户销售产品,这对众多农村劳动力生产活动的连续性起到了保障性作用,并且促进了农村劳动力的就业。

此外,农村劳动力转移,除农业自身的需求外,还有其他的途径:一是向城镇转移;二是对非农产业进行发展;三是向国外输出劳务。这三个途径都需要有农民经纪人在中间为其运转。如果没有农民经纪人引进技术和融通资金,非农产业就无法得到发展,农村劳动力就无法向非农产业转移;没有农民经纪人在其间进行指引,充当中介,农村劳动力就难以走进城镇,进而走出国门。

5. 促进农村产业结构的调整

农村经纪人信息灵、见识广,熟悉市场变化规律,根据市场的需求信息向农民提供技术咨询和生产意见;农民则根据经纪人的技术信息和意见,安排生产和引进先进技术。在农村经纪人的连续服务过程中,农业生产结构能够不断地按市场需求导向进行调整。

在市场经济条件下,影响农村经济结构变化的根本因素就是市场供求,而市场供求的变化非常之快,只有经常接触市场的人才会比较了解,因为农村经纪人一边连着市场,一边牵着农民,是连接消费与生产的纽带。他们大多生活在农民中间,对农民有着极强的影响力和说服力。

他们通过广泛传递、及时反馈市场供求信息,并且引进新品种、新技术,有效地推动了产业结构的调整和规模主导产业的形成,改变了产业信息不灵通、经营规模小、抵御风险能力差的局面。为农产品大规模生产和流通开创了先决条件;为农业产业结构调整提供了产后保障;解决了由自给自足的小农生产向依托优势发展特色的市场化生产转型过程中所产生的销售方面的后顾之忧,以及农民由高产低效的纯粮种植向高产高效的粮经搭配种植转型,从而在更大程度上带动了产业结构的调整,使农民的生产经营与市场需求达到供求平衡,使农村经济得到了和谐发展。

6.促进农村产业规模的扩大

农民经纪人凭借自己拥有集散商品的组织活动能力和多种多样的市场信息,通过他们的积极活动,有效地扩大了农副产品需求的范围,而且还可以带回农村实用的新产品和新技术,从而使农业生产得到进一发展,使农产品的销售渠道得到扩大,从而使农业生产进入良性循环。很容易形成一村一品,一乡一业,一县一业的格局。在市场的引导下,再通过整合,一些具有竞争优势的产品在生产中就会做大做强,形成规模产业,并且在龙头的带动下,进一步发展出与其相配套的其他产业。

7.促进农村社会分工体系的完善

农村经纪人从农业生产中独立出来后,开始专注于农产品市场的产品销售和信息分析,成为了生产与市场之间的纽带,提高了农产品进入市场的速度;农民也有了更多的精力投入到农产品的生产和质量中来。这样,农户和农民经纪人在产、供、销各个环节既自成体系又相互依赖,社会分工进一步细化,利益有机连接,链条拉长延伸。社会分工进一步完善,促进了生产专业化水平,使劳动生产率得到提高。

8.推动了农村基层政府职能转变

过去为了改变农业生产和市场供需之间脱节的状态,农村基层政府往往使用行政指挥的办法来安排农民生产。在此过程中,基层政府虽然进行了各种努力,但因为使用的是非市场化的办法,所以经常导致许多农产品难以销售出去,给农民造成了很大的经济损失,同时也影响了党群和干群关系。

农村经纪人出现并成长起来后,农民生产什么、生产多少,由农村经纪人根据市场需求进行安排;农民在生产中遇到技术或市场困难时,也都找农村经纪人来解决,而不再找政府。这使农村基层政府就可以有更多的时间和精力,来执行公共服务职能和社会管理。

9.带动了农业科技的普及和推广

长期以来,我国农业科学技术的研究与创新是在城市的科研院校,但其应用却很难在农村生产中普及和推广。因此,很少有农民能直接接触和了解新品种、新技术,尽管农民迫切需要实用的高新技术,但却得不到。因而农民迫切需要一些善经营和懂技术的农民经纪人引进和推广各种新品种、新技术,指导他们生产,帮助他们致富。

而在经纪活动中,农村经纪人通过市场竞争、社会需求、价格比较,能够比较准确的了解市场上农业前沿技术和走俏的产品品种,就这样通过经纪人带来了致富信息,也带动了农业科技的推广和应用。实际上,有很多农村经纪人就是农业高新技术的传播者。他们从市场需要出发,不断引进新技术、新品种,传授给千家万户。这不但使农民素质得到了提高,而且增强了市场竞争力。

第4课 农村经纪人的职业道德

所谓职业道德,就是一种内在的、非强制性的约束机制。对于农村经纪人来说,就是在经纪活动中,要恪守守信、诚实、公正、正派,通过合法的途径来谋取自己的利益。具体来说,农村经纪人必须具备的职业道德规范主要体现在下面几个方面。

一、诚实守信，爱岗敬业

1.诚实守信

做人的根本所在就是诚实守信，这同时也是一种优良的职业作风。在职业活动中，调节新农村经纪人与工作对象之间关系的重要行为准则便是诚实守信，这也是社会主义职业道德的基本规范。

诚实，就是忠实于事物的本来面貌，不说谎，不作假，不对事实进行歪曲篡改，不对自己的真实情感加以掩饰，不对自己的真实思想加以隐瞒，不为不可告人的目的而欺骗他人。

守信，就是忠实于自己承担的义务，讲信誉，重信用，信守诺言，对于允诺别人的事情，一定要去办。职业道德的根本便是诚实守信，是农村经纪人必备的道德品质。

2.爱岗敬业

职业道德的核心和基础就是爱岗敬业，同时还是对农村经纪人工作态度的一种普遍要求。敬业的前提是爱岗，但要真正爱岗就必须做到敬业。爱岗和敬业相互促进、相互联系。职业道德对农村经纪人的基本要求就是爱岗敬业。

爱岗就是对自己本职工作的热爱，是指从业人员以正确的态度、饱满的热情对待自己所从事的职业活动，对自己的工作热情真挚、认识明确。在实际工作中，最大限度地发挥自己的聪明才智，表现出勇于探索、热情积极的创造精神。

敬业是指在特定的社会形态中，从业人员认真履行所从事的社会事务，一丝不苟、尽职尽责的行为，以及在职业生活中表现出来的埋头苦干、兢兢业业、任劳任怨的忘我精神和强烈事业心。

二、顾客至上，互惠互利

1.顾客至上

农村经纪人主要是通过自己的经纪服务，促使交易双方顺利达成交易。因此,新农村经纪人的基本宗旨就是顾客至上,切实做到把顾客的需要,当作是自己的需要;把顾客的困难,看作是自己的困难。在具体经纪过程中,经纪人要利用各种渠道,尽可能多地向顾客传递一些顾客关心的信息,以及相关服务,用热情、主动、周到、耐心的服务使顾客满意,从而同顾客结成稳定的合作伙伴关系;如果遇到顾客对自身不正确的指责和批评,作为农村经纪人则尽可能不要和顾客争吵或辩论,否则最终很可能会失去顾客,进而造成商贸中介失败。相反,在顾客指责或批评的"火"头上时,要尽量引开话题,再慢慢解释,则可能最终赢得顾客。

2. 互惠互利

农村经纪人开展经纪活动应有的基本观念就是要互惠互利。农村经纪人在中介活动中,一方面要帮助商品的生产方即供给者顺利地出售其产品,增加收入,用以扩大再生产,产出更多的产品,满足社会中不断增长的需要;另一方面,商品需求者也获得了自己生产及生产经营的条件,从而扩大了生产,满足了生活需求。而农村经纪人自身也获得了应有的收入。

所以,农村经纪人的中介活动对于买、卖双方和自身来说,都是互惠互利的。但要使商贸中介能够成功,则需要三个方面的真诚合作。鉴于农村经纪人在这三个方面中的重要地位,其责任则非常重要。

三、实事求是

在经纪业务中,农村经纪人应坚持实事求是的原则,并以说实话、办实事为做事的准则。有时由于利益的驱动,一些农村经纪人会出现见利忘义、坑人蒙人的"奸商"行为,这损害农村经济发展,严重干扰市场经济秩序,最终也影响了自身的形象,阻碍了经纪业的发展。因此,农村经纪人对买卖双方客户都要做到有一说一,有二说二,特别是在产品的规格、用途、质量、品种、可供数量等关键问题上,则必须实事求是。

在双方有成交意向时,农村经纪人要帮助双方相互传递相关必要的信息,协助解决好换文、认证、制定正式文书等手续问题。如果一方条件有变,农村经纪人有责任马上通知另一方,想办法进行妥善处理。农村经纪人不能对双方承诺自己力不从心的事情,对双方承诺的事情,一定要尽力办好办妥,不要做"一锤子"的买卖。

四、合法经纪

在经纪业务中,农村经纪人必须恪守各种法规及交易制度,依法进行中介交易。所谓依法中介交易,一是指经营手段必须合法;二是指交易的品种必须合法。

1. 中介手段合法

农村经纪人在进行中介交易时,其中介手段必须合法。中介手段合法,是指农村经纪人在开展经纪业务中,经纪人与生产者、经营者之间应该平等地参与竞争。在平等竞争中以良好信誉与优质服务取胜,不能利用、勾结黑恶社会势力夺取经纪业务;不能采取"行贿"和"索贿"等非法手段来承揽经纪业务。对于采取非法手段取得交易成功的现象要给予揭露、抵制和斗争。只有这样,在经纪市场中,农村经纪人才能逐步树立良好形象,才能赢得客户信赖。

2. 交易品种合法

国家为使社会主义市场健康发展,各级政府依法对国内市场交易的内容、流通、品种、交易标准和规则等方面作了明确的规定。对于政府法律法规规定不允许他人经营的商品,农村经纪人则一律不能进行贸易中介。这些商品有下面几个类别。

(1)假冒伪劣商品。假、冒、伪、劣和有害的商品如果进行上市交易,则会严重破坏正常的市场秩序,极大地损害了正牌产品的生产经营与利润得失,最重要的还是坑害了消费者,最终使国家和消费者蒙受损失。因此,农村经纪人不仅不能够参与假、冒、伪、劣和有害的商品交易中介,而且还必须配合政府有关部门,与假、冒、伪、劣和有害商品的生产者和经营者进行坚决的斗争。

(2)国家专控专卖的商品。国家为了把握经济发展的命脉,在某个特定的时期往往会规定一些由国家专控专卖的商品。例如,军火、烟草及其制品、尖端科学技术、一些稀有金属和贵金属等都是专控专卖商品,因此农村经纪人不能参与这些商品的现货交易中介。

(3)违禁物品。为了保护人民群众的身心健康,维护国家的尊严,国家规定一些违禁物品不得在国内、国际市场上进行买卖交易。例如,淫秽物品、毒品、重要文物、国家重点保护的野生动物和植物等。因此,农村经纪人不可以参与这些违禁物品的贸易中介。

(4)走私商品。随着经济全球化的加速和中国改革开放的不断深入,国际贸易的往来越来越频繁,进入国内市场的国外商品会日益增多。一些不法分子采取官商勾结、内外勾结的手段,逃避关税、逃避检查。因此,从价格上来说,同样的商品,进口低价"水货",牟取暴利,冲击国内市场,干扰国内商品生产。为了维护国家和人民利益和国内市场秩序,农村经纪人要自觉抵制走私商品的贸易中介。

除了上面几点主要内容以外,农村经纪人的职业道德还有很多内容。而对于经纪人的职业道德,业内还流传着"八不能"的道德准则。可以说,这是农村经纪人职业道德一个非常全面的总结。

①经纪人不能违反国家的有关税法,进行逃税、骗税活动。

②经纪人不能从事国际社会禁止的经纪活动。

③经纪人不能从事违禁品、走私、假冒伪劣商品的经纪活动。

④经纪人不能私自设立和收取账外佣金或索要额外报酬。

⑤经纪人不能超越客户的委托权限和范围,越权进行有关的经纪活动。

⑥经纪人不能超越中介服务地位,进行私下交易或实物买卖。

⑦经纪人不能接受或承办能力以外的经纪活动。

⑧经纪人不能从事或参与涉及国家专控商品以及涉及国家机密的经纪活动。

第二单元　农村经纪人的综合素质

第5课　农村经纪人的基本知识

随着商品经济的发展,商品的产供销及流转逐渐专业化和细化,经纪业务的分工也越来越专门化,并且向高层次的方向发展。所以,必然对农民经纪人的科学文化素质的要求越来越高。不仅要求农民经纪人具备相应的市场知识和专业知识,而且还要对自己所从事的经纪业务及中介商品的特点和性能完全了解。同时,还必须具备相关的专业知识,否则就无法胜任其经纪业务。

从事农村经纪人一般商品交易应具备一定的文化知识,了解与经纪工作有关的生产、加工、流通、储存、消费,以及相关的法律法规等方面的知识,具有一定的数学运算和文字表达的能力;要懂得心理学、社会学和行为科学的基本知识;能看准、摸清市场行情;能运用现代设备和通讯工具去获得信息,交流信息,为买卖双方牵线搭桥。同时,随着社会经济的发展和竞争的加剧,还要求农村经纪人具有一定的相关专业知识,才能更好地承担起农村经纪人的工作。农村经纪人需要掌握的相关专业知识主要有哪些呢?我们可以从以下几类看出来。

1.经济学的相关知识

现代农村经纪人需要了解各专业经济学分支,以及其分支学科的基础知识,其中主要涉及到以下几个方面。

(1)商业经济学知识。商业经济学是专门研究商业部门、商品运行的经济关系及其发展规律的科学。其主要内容包括:商业部门内部的经济关系,商业的基本理论,商业的业务,国家对商业的领导和管理,商品流通与物流管理,商业经营的保证条件,商业的资金、商业的利润和利润分配、费用和经济效益,商业的发展前景和发展战略等。

(2)农业经济学知识。农业经济学是农业经营管理的规律性与研究农业经济发展的科学。农民经纪人要对农产品的生产、流通、消费全部过程,农产品的质量、用途和性能,农副产品产销的时空分布与差异等全部掌握。

(3)价格学知识。价格学是研究商品价格形式及其变化规律的科学。其研究对象包括价格运动规律、价格形成规律、农产品的各种价格之间的关系、比价和差价以及价格杠杆的作用等问题。

2.商贸知识

农村经纪人从事各种各样的商品中介活动,为了寻求销售出路,增加经纪业务,不仅要联系买卖双方,还要和其他经纪人打交道,竞争越来越激烈,这就需要经纪人要拥有较为丰富的商贸知识。商贸知识丰富,视野就会开阔,对于成功的机会也就会善于捕捉。经纪人需掌握的商贸知识应包括以下几个方面。

(1)市场行情学。预测和分析市场行情发展变化的新兴学科的主要内容有:行情的周期波动和非周期波动;行情的特征、性质和发展规律;预测行情发展趋势的方法与策略。

(2)市场营销学。研究以消费者需要去组织商品生产与服务,从而取得最佳经济效益的新兴经济学科。其主要内容有:市场预测、市场调查、市场经营策略、定价策略、产品策略、分销策略、销售策略、对消费者和用户情况的分析等。

(3)商品技术学。商品技术学是商品学与多种科学技术交叉形成的边缘学科,它从技术学角度研究商品的使用价值及其价值。

主要内容有:商品的化学成分、商品质量、商品标准、商品的机械性质、商品鉴定、商品分类、商品运输、商品包装和商品养护等。

(4)国际金融学。研究国际金融理论与实务以及国际金融组织与货币体系。其主要内容有:国际储备、国际收支、外汇管理、外汇汇率、国际信贷、国际金融市场、国际金融组织和国际租赁等。

(5)国际贸易学。经纪人要掌握的商贸知识有国内贸易知识和外经贸知识。其主要内容有:边境贸易、外商代理、外商投资咨询等。可以说,未来经纪业务的重点领域便是国际中介服务。经纪人不仅要做好国内供需双方的中介,更要把眼光放到国际市场,把经纪业务打进国际市场。而这一切的前提必须是有大量的国际金融知识和国际贸易等外经贸知识。在我国对外开放程度的进一步提高之时,我国和国际经济合作交流逐步扩大,开发涉外经纪业务就显得非常重要了。如果没有涉外贸易、涉外经济方面的专门知识,就难以发展。

国际贸易学主要研究国际贸易基础知识和基本理论,分析当代国际贸易的趋势和重要问题。其主要内容有:国际分工,世界市场,国际价值与国际市场价格,国际贸易的产生、地位和作用,跨国公司贸易,国际服务贸易,关税措施与非关税壁垒,国际贸易政策,关税与贸易总协定和贸易条约与协定等。

3.安全知识与产品质量标准

随着人们生活水平的提高,消费者对农产品的质量和品种的要求也日益提高,而原有的农产品标准也并不完善,标准内容也比较落后,产品质量安全也有着许多问题,严重影响了我国农业的发展,降低了我国农产品的出口和国际市场竞争力。

为了从根本上解决安全问题和农产品污染,农业部从 2001 年起,在全国范围内实施"无公害食品行动计划"。该计划的核心是全面提高我国农产品质量安全水平,以市场准入为切入点,以"菜篮子"产品为突破口,从市场和产品两个环节入手,通过对农产品实行"从农田到饭桌"全过程质量安全控制,用 8～10 年的时间,基本实现主要农产品生产和消费无公害。这就要求农村经纪人要了解农业标准,掌握产品质量安全标准,掌握绿色食品、有机农业和无公害农产品的知识,学会确定污染物鉴别、农产品质量等级、检测检验等方法,懂得标志、包装、运输、储藏等方面的技术。只有熟悉安全方面的商品知识与产品质量标准,才能按标准确保农产品质量安全,开展中介业务,更好地开展经纪业务,提高市场竞争力。

4.心理学方面的知识

经纪人主要工作是与人交往。他们要掌握一定的心理知识,对人的心理本质有一定的了解,并能够形成准确的心理判断能力,恰如其分地揣摩出买卖双方的意图,形成较好的谈判技巧,排除谈判过程中遇到的障碍。心理学方面的知识包括:发展心理学、社会心理学、管理心理学、人际关系社会心理学、推销心理学、消费心理学和公共关系心理学等。

5.谈判方面的知识

农村经纪人开展经纪活动必不可少的重要一环便是谈判,只有掌握谈判的基本技巧和知识,才能在谈判桌上争取自己的权益和平等的地位。

很多交易是否能够成功,其关键在于业务是否能洽谈成功。所以,在进行正式业务洽谈之前,农村经纪人除了要了解市场价格、买卖双方的商品供求等基本信息外,还要充分了解洽谈人和客户的基本情况,包括性别、年龄、喜好、受教育程度、性格等方面特点,只有这样,才能针对不同客户和不同性格的个人,进行有针对性的对策;同时,农村经纪人还要了解与交易对象相关的食物安全和商品标准等方面的知识,这样才能更好地回答客户所提出的相关问题。

6.政策法律知识

社会生活需要依法办事,经济生活中也是如此。从事经纪活动,要从法律的高度明确购销与中介三方的义务和权利,从而维护自己的合法权益。经纪人必须懂得一定的法律知识,否则将难以发展。关于法律知识,经纪人应掌握下面几个方面的内容。

(1)合同法。合同法对合同的订立、变更、履行、纠纷和解除等作了详细的规定,经纪人应了解的重点法律知识便是经纪合同。

(2)民法。民法是调整平等主体之间,即公民之间、法人之间以及他们相互之间一定范围的财产、人身关系的法律规范的总称。民法不是调整财产关系的全部,而是调整其中的财产所有关系和财产流转关系,并以有偿、平等为原则。

民法对民事行为、民事纠纷、代理等作了相关的规定。

(3)税法。税法是由国家制定的调整国家与纳税人之间征收和缴纳税款为内容的行为规范,是国家各种税收法律、法令的总称。税法的基本内容有:纳税主体、纳税对象、减税免税、税率、违法处理等。

(4)专利法。专利是专利权的简称,是指国家专利机关根据发明人的申请,依法批准授予发明人在一定期限内对发明成果所享有的专利权。《专利法》的主要内容有:专利权人、我国主管专利工作的机关、确定申请专利的日期、专利应具备的条件和专利期限等。

（5）国际商法。主要内容包括：买卖法、合同法、代理法、产品责任法、票据法和商事组织法等。

7. 市场调查预测知识

从事经纪工作的农村经纪人，必须具有基本的市场预测知识和市场调查。通过市场调查，可以了解生产状况和消费者需求，了解各地市场的需求状况。同时，农村经纪人还要具备市场预测的知识，包括市场预测的内容、预测方法、形式以及预测程序。

第6课　农村经纪人的基本能力

农村经纪人能否胜任经纪工作，首先要拥有丰富的知识，另外还要具备基本技能，其基本内容是：电脑操作能力、观察能力、写作能力、市场调研能力、谈判能力、社交能力、产品质量辨识的能力以及应变能力等。农村经纪人提高经纪工作效率的根本保障就是将这些能力的有机结合与运用。

一、观察能力

在市场竞争激烈的复杂环境中，经纪人要想求得生存与发展，就必须有敏捷的思维和锐利的目光，能透过迷雾，看到事物的本来面貌；能从起伏跌宕的变化中，正确的判断出发展变化的趋势；能拨开纷乱的现象，抓住事物的本质。

只有这样，才能使经纪人较为准确完整地感知事物，才能在其头脑中积累丰富的、有用的信息资料。遇到事情时，积累的知识、信息和资料就可以帮助经纪人辨识和洞察事物，进而作出正确的决策。相反，一个观察能力非常差的经纪人，同样看到听到很多信息，但却对其信息视而不见、闻而不知，这样就会抓不住机遇，做不好经纪工作。可见，观察能力对于农民经纪人具有非常重大的意义。所以,在经纪过程中经纪人要努力培养和提高自己的观察能力。

1. 细心观察

经纪人对事和人的观察,必须探幽索微,深入细致,对于任何一条有价值的信息都不可以放过,不对任何与经纪业务有关的小事加以忽视。只有养成细心观察的习惯,才能使经纪人渐渐培养起敏锐的观察能力,进而做好经纪工作。农民经纪人应培养和重视自己细心观察的能力,发现经纪机会的开始便是要细心观察。

2. 勤于观察

只要对事情做到"业精于勤",必定有所成。经纪工作也是这样,只有勤于观察,才会有所发现,时间长了,必定会有收获。任何事物的存在与发展,都必然会以各种形式表现出来,只要能够做到勤于观察,就能更多、更及时地发现新的情况,捕捉到更多的经纪工作的业务。经纪人不仅要勤于观察,而且应该在实践中培养自己的观察能力。

3. 及时观察

只有进行及时的观察,才能及时发现新情况。机会从来都是稍纵即逝的,所以农村经纪人必须养成对事物及时观察的好习惯,只有做到及时观察,才能及时发现,才能不失时机地做好经纪工作。

另外,经纪人要对自己的观察能力加以培养,就一定要做到细心观察、勤于观察、及时观察,此外还必须注意到观察的目的性、客观性、典型性和全面性。并要按计划、有顺序、有步骤、有系统地进行观察,做到周密、全面、细致、严谨,避免杂乱且盲目的观察。

二、表达能力

表达能力包括口头和书面两方面。书面表达能力是指以纸张、文字、书写表达的才能。口头表达能力是指以语言、语调、声音表达的才能。为提高表达能力，就要求农村经纪人不仅要有口才，而且要有文才。这就需要农村经纪人从三个方面来提高：一是要多练习，在为买卖双方牵线时，提高书写居间合同等文字水平，以及应酬和接待时的说话水平；二是认真向有成就、有经验的经纪人学习他们的文才和口才；三是要多总结，农村经纪人在每一次中介服务成功后，都要认真总结积累口才和文才的经验。

农村经纪人的一项基本工作，就是在经纪活动中根据委托方的意思来进行草拟有关文件。农村经纪人接受委托，从事各种形式的中介工作时，都应该签订经纪合同。另外，当农村经纪人成为委托代理人，还要代理委托方签订合同。所有上面所说的这些工作，都离不开文字的表达，即写作。经纪人的写作要求必须是严谨的、流畅的，这是因为经纪人所写的都是具有法律效力的文书，所以在遣词用字时必须要严谨，以免产生合同纠纷。

三、调研能力

调查研究能力是指获取经济信息以及经济信息分析而提出对策的能力。经纪人要获取市场信息、商品信息和科技信息，都需在充分的调查后才能获得。具体来说，经纪人在准备进行一项交易前，首先要对供给方的产品价格、质量、信誉保证、售后服务等和需求方的需求项目进行认真的分析和调查，并把这些情况和具有可比性的同类业务作比较，这样才能使委托方不上当受骗，真正做到互利和公平。

经纪人要进行的调查方法很多，其中要着重运用好询问法、资料收集法、问卷法和观察法等。不管采用哪一种方法，经纪人都要具备掌握第一手材料的能力，只有这样才能在和第三方的洽谈中获得主动权,在买卖双方中赢得声望,为以后的成功开辟道路。

四、谈判能力

谈判能力是指双方或三方通过语言、书面沟通,使事态向双方能接受的意见和行为发展的才能。农村经纪人在进行各种业务处理时,要同委托方和第三方进行一系列的谈判活动,如承诺、要约、标的、时间、佣金和价格等,只有通过谈判,甚至是持久的谈判,才有可能达成共识,进而订立协议,使各方都达到满意。所以,谈判能力是经纪人必须具备的才能。

谈判能力是一种综合能力的表现。经纪人作为谈判人员,其谈判能力同其他一些能力是密切相关的,具体来说有以下几方面。

(1)应具有较高水平的沟通、协调能力,可以说应该具备外交家的才能。通过经纪人的活动,可以使谈判双方互相理解,互通信息,气氛祥和,关系融洽。

(2)有较好的语言表达能力,应该具备演说家的才能。这样经纪人才能更完美地阐述自己的立场和观点,并赢得买卖双方的共鸣与理解。

(3)应具有较强的决策能力,应该具备企业家的才能。谈判的最大忌讳就是优柔寡断。在谈判桌上经常是要在瞬息之间就必须作出重大决策,这就要求谈判人员必须有大将风度,敢于承担风险与责任,同时还要保持理智,当断则断,能取能舍。

(4)应具有较敏锐的观察能力,应该具备心理学家的才能。在谈判桌上,应该明察秋毫,准确及时地注意到谈判对手的心理变化及意图,然后及时采取策略应对。

此外,农村经纪人还要善于控制自己的情绪,要善于掌握时机、分析信息、运用技巧,以及驾驭事态发展的方向。

五、社交能力

社交能力是指在不同的场合、对不同的人所采取不同的应酬和接待的能力。社交是农村经纪人必须具有的能力和掌握的艺术。一名成功的经纪人，往往拥有着一个巨大的社会信息联系网络。可以说，这个信息网络的有效性，则是经纪人成功的客观条件。而这个信息网络的形成，正是农村经纪人社交艺术的结晶。只有广为结交八方的朋友，才能获得大量的信息，从而把握住在交往中获得利润的时机。朋友圈越兜越大，农村经纪人能够得到的业务也就愈多。作为经纪人，一定要懂得社交中的各种不同的礼仪、风俗和习惯，灵活运用各种社交技巧，树立起自身的社交形象。

新农村经纪人要懂得社交中的各种不同的习惯、不同的礼仪、不同的风俗，要掌握不同接待和应酬的方式，在交际中敏锐地观察出不同人群的需求，并提供恰如其分的服务。

六、应变能力

应变能力是指及时处理偶然事件的能力。经纪人应具备应变能力。市场经济的变化是多端的，无论社会、政治或自然等因素的变化，都会对市场价格的波动产生影响，市场的走势谁也无法控制，只有时刻保持清醒的头脑，及时应对每一次变动的冲击，才更容易获得成功。在处事待人方面，经纪人也要懂得随机应变，洞察各类人的心理，根据不同地点、时间对问题进行灵活处理，这样才能获得成功。

在经营过程中，农村经纪人会受到各种因素的制约，随时都会发生偶发事件。提高应变能力就要求农村经纪人要灵敏掌握信息反馈，及时处理出现的不测事件，使经营活动或者果断刹车、改变目标，提出新的要求，或者朝着既定目标继续发展。

七、幽默能力

幽默能力是应变能力的一种反映,是以一种愉悦的方式让人们得到精神上的快感的才能。幽默能力能润滑人际关系,决不只是博人一笑,它能去除忧虑愁闷,提高生活情趣。农村经纪人为提高幽默能力,要有随机应变的方法,比如玩笑与幽默,可以消除误解,疏通阻碍,使人巧妙地摆脱困境。要学会肢体语言,一个张口结舌,一个手势,一个低头认罪等肢体动作,比大声的喊叫,比义正词严的论争更具有效果。

八、电脑操作能力

电脑已成为一种大众工具,在生活生产中发挥着广泛而巨大的作用。在现代社会里,不懂电脑,将被视为现代社会的新文盲。对于农村经纪人来说,具备一定的计算机知识是必不可少的。经纪人不懂计算机,不会操作计算机,就仿佛是没有了工具,开展经纪活动就会十分困难。经纪人机构如经纪公司、经纪人事务所、咨询公司等,均设有自己的信息处理系统,从采集信息到分类信息、整理信息、以至于日后的处理信息,都离不开计算机。利用计算机及其网络可以同国内外经纪机构建立永久性关系,互通有无。如何在众多的信息中挑选出对自己有用的,并加以分类整理,以便日后利用,计算机的作用可谓非同小可。

第7课 农村经纪人的心理素质

一、有耐心和情绪控制能力

人的情绪是指人在情感上对现实能否满足自身需要所产生的一种反应形式。这种情感反应有两种:即积极情感反应和消极情感反应,积极情感反应有激动、高兴、振奋、热情等,消极情感反应有苦闷、悲观、失望、低落等。积极的情绪可以促进人对工作产生干劲，振奋人的精神；消极的情绪则使人的斗志涣散，使人离心离德。

农村经纪人的心理结构应是和谐的、平衡的，虽然有情绪反应，但必须懂得控制，不能被消极情绪所驱使，而使行为失去控制。经纪人应尽力保持清醒的头脑、平和的心境和控制行为的自觉性，让积极情绪始终处于主导地位。

世间的一切事物都是复杂的，不可能都一帆风顺，特别是经纪业务，总是会遇到一些意想不到的情况。对此，经纪人要保持情绪稳定，不能感情用事，即使面对不利的场面甚至是敌意，也要控制自我，诚恳而不软弱，冷静而不失礼貌，耐心而不激化矛盾，做到怒不变色，喜不露形，处事一定要稳重。

经纪人要在保持情绪稳定的情况下，面对可能遇到的挫折，应积极扭转局势，有三种基本策略可以从中得到借鉴：一是以静制动，待机进攻。要求经纪人必须冷静地应对不利情况，密切注视着情况的变化，做到避其锐气，明哲保身，一旦情况有了变化便迅速出击；二是变不利为有利。要求农村经纪人必须冷静地分析各种因素，找出有利于自身的变化趋向，掌握主动权；三是缩回打出去的拳头。这虽然是一个下策，但要是运用得当，农村经纪人可以避免受到损失，而且能够在今后的业务往来中掌握主动权。这种策略不是回避，也不是败退，而是在不利的情况下，给对方造成一种麻痹的思想，而自己则得以蓄聚能量，待时机来时便迅速出击取得成功。

总之，农村经纪人的情绪和心境应始终保持平静与宽松，思想平稳，心情开朗乐观，对于任何事情或者任何变化都能够镇定自若,"拾得起,放得下",要有大将风度。在日常经纪活动中要精神饱满、情绪稳定、心地友善;要热衷于经纪工作,始终保持旺盛的工作情绪,不受外界干扰。

二、强大的自信

农村经纪人在开展业务时,要和各种各样的客户打交道,要想说服他人,那么自己就要具备自信心,否则将会难以说服别人。自信一般表现为对自己所从事经纪人职业的热爱和认同,因此农村经纪人应对自己的职业首先有一种自豪感。在传统上,人们对农村经纪人有着很多误解,使经纪人有一些让人鄙视的称号,如"黄牛"、"倒爷"、"穴头"等。

但是随着市场经济的发展,在经济活动中农村经纪人有着越来越重要的地位和作用,并且得到了社会公众的认可,但不能否认,社会上仍广泛存在着对经纪人的传统偏见。所以农村经纪人对自己的职业必须从内心树立起神圣感和荣誉感,这是经纪人自信的心理基础。

自信心强的经纪人,同时也是勇于面对挑战、追求卓越的人。自信心可以激发出人的毅力和勇气,最终迈向成功之路;同时,自信心也可以给对方以信任感。在业务活动中农村经纪人要与各种各样的人打交道,并说服他们,这样才能促成交易,如果没有自信和坚韧的心理素质,则是很难成功的。因此,一个自卑、没有自信的经纪人是不会得到客户的信任的,而一个谈吐自如、从容自信的经纪人则会很快得到客户的信任和认可。

强调自信,应注意两个极端倾向。

1. 自卑

如果农村经纪人过于自卑,客户对你的经纪能力就会产生怀疑,不敢把自己的经营与投资放心地委托给你。你就无法将别人说服,把自己的经纪设想付诸实践;在关键时刻就不能抓住有利时机,从而失掉机会;就会丧失经纪人应有的能干、精明、反应敏捷的形象;在谈判桌上就难以获得最有利的条件,捍卫自己的利益,签订最为有利的合同。

2.盲目自大,自高自傲

如果经纪人自信过头,目空一切,认为自己是最优秀的。但事实上,这样的人往往眼高手低,只会吹牛,不会做事,是干不成大事的,对于经纪业务也只不过是骗取。

总之,在经纪过程中农村经纪人应该自信,既要谈笑自如,又要不卑不亢、机锋不露。待人处事注意分寸,既不要低三下四,也不要高傲自大;既不要盛气凌人,也不要拘谨腼腆,而是要充分展现出经纪人在经营、社交活动中的磊落正直,可亲近但不可侮辱的风范。

三、心胸豁达开朗,心态平和

作为农村经纪人来说,要具备良好的心理素质,保持一颗平常心,心胸开朗豁达,这样才能有效地处理可能出现的各种情况。平和的心态对保证农村经纪人顺利地开展业务是非常重要的。

一个人的不同性格特征决定了他不同的行为和态度。经纪业务的特点要求经纪人要热情豁达。

经纪工作是一项艰辛的工作,需要经纪人付出大量体力和脑力,并且有一定的风险。一条信息的获得,一笔交易的达成,不可能一下子就完成,而是需要经过几番波折与反复才能成功。这就需要经纪人全身心地投入,付出自己的耐心和热情,因此,经纪人必备的基本心理素质之一便是热情。

同时,热情能赋予经纪人广泛的兴趣和旺盛的精力,使人能经常处于一种主动而积极的精神状态中,这样农村经纪人对市场信息能使始终保持着一种特有的敏感性。经纪人与社会交往则需要热情,经纪人需要与各行各业的人交朋友和打交道,以此来拓宽自己的信息渠道。社会学表明,一个热情的人,更容易与他人交往,更容易被别人所接受。

以人际交往为纽带的经纪工作,农村经纪人员必须心胸豁达,这是工作中拼搏进取的思想基础,是事业成功的基本保障。经纪人的心态必须豁达开放,并以此来面对新观点、新事物和新知识。农村经纪人要及时摆脱自己原有的思维定势,经常以一种全新的视角来观察市场动态,及时捕捉最新的信息,只有这样才能更好地为自所用。经纪人心胸豁达的主要表现是:克服困难有信心,对待业务有信心,遇到挫折不灰心,纠正失误有决心,面对非议不上心等各个方面。

往往有这样一些客户,盈利时对农村经纪人千恩万谢;当生意受到损失,出现不利情况时,则不讲道理,甚至大骂经纪人。如果发生这种情况,经纪人则不能乱了方寸,而应以豁达而容忍的态度,向客户说明亏损或不利的原因,使客户明白交易中的风险是很正常的。豁达的心理还能够让经纪人在紧要时刻保持冷静,重新抓住机遇,迅速总结分析,渡过难关,获得成功。

在经纪业务中,热情豁达的性格能够让经纪人处理好人际之间的关系,而出色的人际关系是经纪人事业的基础。健康的人际关系应该是相互尊重、相互关心、相互坦诚、相互容纳以及相互有所期待。只有经纪人具备良好的心理适应性,才能与人建立良好的人际关系,既能自我接纳,也能接纳他人,同时待人以公正、诚恳、宽厚、谦虚,尊重委托人的意见和权益,在经纪业务中以主人翁的精神积极参加各项活动。

四、勇于进取,敢于竞争

每个成功者都必须具备的特质是竞争的冲动和冒险的胆量。对于人们常说的"竞争观念",其内涵有三个方面:一是"竞争是充满风险的";二是"竞争是不可避免的";三是"竞争对于有本事又有所作为的人来说,又是非常诱人的"。

也就是说,在市场经济条件下,没有任何避风港。人们必须直面竞争,而不能认为可以侥幸躲过竞争的风浪。正视竞争,参与竞争,就一定会碰到风险。经纪人只要不怕风险,积极的去做,就能够把风险降到最低限度,其至还能把风险转化为机会。

应当指出,这种竞争冲动的心理素质和良好的冒险胆量,是一种成熟的心理素质,但它并不是"盲动",也不同于赌场中那些赌徒们撞大运的心理素质。这并不是盲目蛮干,而是以谨慎周密的判断和全面掌握有关事物知识为基础的,因而能比他人抢先得到获取利益的机会。

农村经纪业中有着多方面的竞争:有客户与经纪人间的利益竞争、同行内经纪人间的竞争,以及其他方面的竞争。经纪人这一职业不是懦弱者能做的,农村经纪人要有勇于开拓的精神素质,要敢于在竞争中求生存、求发展,要敢为天下先。

首先,农村经纪人要不怕失败和竞争。要想成为一名成功的农村经纪人,畏缩退步是自绝前进之路,艰苦困难是难得的课堂。害怕失败的心理是一个人创造业绩的最大心理障碍。

其次,农村经纪人不应在乎世俗的偏见。我国自古以来就有重农轻商的思想,把商人看成是"谋食"的小人,而从事经纪中介业的人在古代被称为"牙人",更是商人中的商人,其地位也总是被人看不上,处于风雨浮沉中。20 世纪 80 年代以来,虽然社会经济的发展,为经纪业的崛起创造了条件,但人们对经纪人"倒爷"的深重偏见仍然没有抹掉。因此,经纪人应不怕世俗偏见,要对自己的职业有坚定的信心和理想追求。

竞争就需要创新,创新就是不断将自我战胜。市场竞争就是创新的结果。在激烈的市场竞争中,一个成功的经纪人在每一个机遇面前,都必须勇于创新,接受挑战,在创新中取得新的成功。创新对农村经纪人来说,就是以敏锐的眼光发现机遇,就是一种胆识,以丰富的经验作果断的抉择。作为一名优秀的经纪人,决不能因一两次的成功就感到满足,而应具有强烈的进取和探索精神,追求更加成功的境界。

五、要具有坚韧不拔的毅力

世界上没有一帆风顺的事情,做任何事都会遇到波折,因此经纪人要有吃苦精神。如果缺乏坚持不懈的精神,百折不挠的毅力,那结果只能是一无所获。要知道,怕吃苦的人,到头来不但一事无成,反而一生吃尽苦头。回顾历史,几乎所有的成功人士,没有一个不曾吃过苦的。

毅力与勤恳是不同的,毅力则是心智活动,表现为敢于接受挑战,敢于面对困难。而勤恳倾向于肢体活动,表现为肯做肯跑。

有毅力的人都是有目标的人。制定好预期达到的目标后,便不辞艰巨与劳苦,全力以赴。有毅力的人会愈战愈勇,并克服重重困难,达到既定的目标。一个人若缺乏毅力,便会左右摇摆,拿不定主意,难以深入到一个行业中去;或是逃避困难,结果延长了事业发展的时间,减慢了财富累积的速度。

在将愿望转变为财富的过程中,毅力是一个非常重要的因素。这种坚强的意志是百折不挠精神的基础。当意志和愿望结合在一起时,将会无坚不摧。拥有巨额财富的人通常被认为无情或冷血,这是一种误解。其实,他们具有着坚强的意志,他们能在自己愿望的激励下,克服重重困难,最终实现自己的目标。

许多人没有致富的原因,是因为碰到一点挫折,就会轻易地放弃自己的目标。而一些人相反,他们凭着坚强的毅力,克服重重阻力,实现自己的目标。

经纪活动是非常复杂和艰辛的,要求经纪从业人员要有较强的心理承受能力和顽强的意志;要求农村经纪人要有百折不挠的精神。只要有百分之一的可能,就做百分之百的努力。对有可能的业务一定要持之以恒,不能轻易放弃。

第三单元　农村经纪人的市场认知
与信息处理

第8课　市场与农村市场

一、市场和农村市场

市场是以追求实现交易目的为目标的活动空间。农产品市场就是以追求实现农产品价值为目的的活动空间。

从不同的角度,市场可分为不同的类别。市场首先可分作商品市场和生产要素(资金、人力、信息、产权等)市场;从市场存在的形式着眼,市场又可分作有形市场和无形市场;依市场发育的程度,市场还可分作初级市场(也称零售市场)、批发市场和期货市场;根据市场的专门化程度,市场则可分作综合市场和专业市场。此外,就市场发展的规模,还可将市场分作大型市场、中型市场和小型市场。

农村市场是以农村为范围的商品流通领域。我国的农村市场主要有三类。

1. 农村集市贸易

它是我国农村市场中主要的、众多的一种市场。

2. 农产品批发市场

它是我国经济体制改革,特别是流通体制改革产生的新产物,也是农村实行联产承包责任制后商品经济大发展的产物。具有批量大、距离远、流量快、辐射面广的特点,在搞好商品流通,加速商品周转中起着重要作用。

3. 农村专业市场

它是在商品经济迅速发展的过程中逐渐形成的。其特点有：远程贸易，面向全国；分散经营，竞争激烈；专业分工，市场调节。

二、农村市场的特点

农村市场由于受商品生产、商品交换和商品消费的影响和制约，与城市市场相比较，具有以下特点。

1. 分散性

农村商品生产除了乡镇企业和新经济联合体外，主要是以家庭为生产经营单位进行的。各个家庭，既是相对独立的商品生产者，又是消费单位。农户的生产规模小，而且分散。即使是乡镇企业，规模也较小，分布也很分散。由于农产品生产是分散进行的，商品部分多集中到城镇消费，其交换运动呈现出从分散到集中的特点。在农村商品经济的长期发展历史中，形成了若干集镇，这些集镇是商品交换的中心，承担着农产品由分散到集中的职能。

2. 季节性

农村除了工业生产的基本生活资料可以全年交换外，农副产品的交换，由于受生产季节性的影响和制约，其交换有强烈的季节性，淡旺季异常明显。旺季到来，农产品上市集中，成交量和成交额大幅度上升；淡季到来，上市量、成交量和成交额则大幅度下降。同时，农产品中的鲜活产品，不宜长期储存和长途运输，在购销形式上有较大的灵活性。另一些可储存的农产品，需要利用季节差价，补偿储存费用，并调节市场供求。

3. 封闭性

由于受生产和消费单位分散，交通、通讯不发达，生产力水平较低和农产品本身特点的制约，农村市场的交易活动，除了某些产品外,有许多产品是当地生产,当地消费,交换半径局限于乡际、县际的范围,市场相当狭小。

4. 传统性

在当前的农村市场,传统的集市贸易占有相当重要的地位。这种市场的交换关系,是适应自然、半自然经济和在小商品经济的基础上建立和发展起来的。农村集市一般是定期的,每隔三天、五天、十天举行一次,并有大小集之分。大集上市商品、参与交易的人数多,规模大;小集上市商品、参与交易的人数少,规模小。农村市场的传统性,还表现在上市商品,多属于经加工的初级产品和手工业产品。

三、农村市场的分类

农村市场涉及生产者、经营者和消费者的交换活动,体现他们之间的交换关系十分复杂。同时,农村市场分类的标志也不只是一种,按照不同的划分标志,有不同的分类。

(1)按经济成分划分。可分为全民所有制的国营商业市场、集体所有制的合作商业市场和个体所有制小商小贩市场。在农村市场中,国营经济是领导,合作经济是主体,个体经济是补充。由它们组成多种经济成分、多条流通渠道、多种经营方式并存的结构模式。

(2)按交换商品的范围划分。可分为消费品市场和生产资料市场。消费品市场又可进一步划分为食品、服装、居住等市场,生产资料又可划分为农业生产资料和工业生产资料市场。每一类商品均包括许多不同的类别和品种。

(3)按行业性质划分。除一般实物产品外,还有服务市场、科技市场、信息市场和资金市场等。

（4）按管理方式划分。可分为计划市场和非计划市场。计划市场是指按国家计划（包括指令性计划和指导性计划）进行的商品交换活动，非计划市场是在国家政策允许的范围内进行的计划外的商品交易活动。

（5）按商品的流转环节分。可分为批发市场和零售市场。

（6）按经营商品的品种划分。可分为综合市场和专业市场。

四、农村市场的作用

在农村的经济活动中，市场是不可缺少的，它对商品经济的发展，具有重要的作用。

（1）市场是实现社会再生产过程的必要条件。社会再生产是生产、分配、交换、消费四个环节不断循环运转的过程。社会再生产的各环节，都离不开市场。生产者，一方面要通过市场购进生产资料，以补偿生产中的消费，另一方面又必须通过市场，把产品销售出去，实现产品的价值；消费者也只有通过市场，购进商品，才能实现消费，国民收入也要通过市场，实现其分配。因此，在商品经济条件下，市场起着社会再生产桥梁和纽带的作用，是社会再生产实现的必要条件。如果没有市场或市场流通，就会给生产、消费带来不利的影响，甚至导致再生产过程的中断。

（2）市场是反映商品供求的一面"镜子"。所有的产品的价值，要通过买卖的形式来实现，市场也就成为商品交换的枢纽，各种商品的供求关系必然要通过市场反映出来。这样，市场可以准确地、及时地反映商品供求情况及其变动趋向。如果能充分利用市场这个特点，搞好市场信息、市场调查和市场预测，就可以掌握市场的变动情况和趋势，合理地组织生产和流通，求得生产与消费的平衡。

(3)市场是衡量商品质量的"尺子"。商品质量的优劣是生产好坏的重要标志,商品质量故然有许多标准去衡量,但最终总要经过市场的检验,以消费者是否欢迎为最终标准。因此,一种质量好的商品必须适应不断变化的需要,以价廉物美、受消费者欢迎去开拓市场、占领市场。

(4)市场是自发调节商品供求,各经济集团和个人之间经济利益的"调节器"。市场上的商品交换关系,本质上是人与人之间的经济利益关系。这种经济利益关系的市场调节,表现在商品交换条件和价格变动上,价格提高对生产者有利,收入增加,价格下降,支出减少,对消费者有利。

(5)市场是社会分工、技术进步的"推动器"。当市场扩大,交换范围扩大时,生产的规模也就增大,生产也就分得更细。市场促进社会分工和技术进步的作用,主要是通过价值规律和竞争实现的。通过竞争,物美价廉的产品得到发展,而质次价高的产品被淘汰。这就促使生产者进一步改进技术,改善管理,提高质量,降低成本,结果是促进整个社会分工和科技进步。

第9课　搜集信息的方法

一、信息的来源

1.电视台、广播电台等媒体

资料和信息可以从媒体播放的有关新闻、金融动态、市场信息、各类广告、各类记者招待会中得到。这些都是收集资料的重要渠道之一,甚至比文字媒介要更准确和迅速。经纪人通过电波媒介,捕捉到本行业的发展趋势以及市场供需所不衔接的地方,他就可以先下手为强,从中获取利益。

2.文字媒介

报纸、书籍和杂志所提供的消息,这是最大的渠道,也是信息来源的主要渠道,都可以作为市场信息的来源。可以通过对文字媒介的分析,对经纪业的特点进行了解,对经纪业的发展趋势进行预测,掌握市场供需状况,在有利的时候,先行占领经纪市场,获取利益。

3.知情人员

通过知情人员了解情况,更容易获取相关信息。如通过有关了解情况的同学、好友、亲戚、老客户等知情人士了解从事经纪事务所需要的资料和信息。然后,再根据他们所提供的情况与信息,进行有的放矢的牵线搭桥,就会使成功率大大提高。

4.专门机构

专门机构大多拥有较为准确而丰富的行业信息。如需要了解农贸市场的供、需状况及发展态势,就可以到农贸批发市场上了解。从这里了解到的信息基本上都翔实可信,可以为农村经纪人从事经纪业务提供可靠的参考。

5.各种会议

农村经纪人对各种商品交易会、经济技术洽谈会、专利技术转让会、高新技术成果展示会等有关可以提供商品和技术成果信息的会议,都要去进行相当必要的了解,并从中寻找经纪的机会,或者为已经开展的经纪业务提供必要的参考。

通过对这些会议有目的的调查与了解,可以从中分析出许多商品的流通、生产、消费,以及竞争现状、市场趋势和发展前景等,成为从事经纪工作人员的参考。会议是了解商情的最佳渠道和收集信息的最好场所,因为会议内容一般都是论题集中而且具有指导性的。

6.函电、广告、名片等

贸易洽谈的主要形式便是函电,同时它也是商品市场调研的工具之一,通过它可以获取价格、生产和销售等方面的信息。经纪人如果通过电话、电传、探价函、书信和征订单等去了解商品的价格、供应和销售等机制,再结合其他资料就可以得到,甚至是预测出相关的信息和所需情况。

一般来说,广告中都会介绍商品的厂家、产地、销售价格、电报挂号、电话和产品的性能等,有的还登有商品的简单说明书和照片等,通过对它的收集,总是会得到一些意想不到的信息和资料。

另外,名片是一种交际的手段,也是收集资料的重要渠道,经纪人往往可以通过名片结交朋友、扩大业务往来和获取信息资料。作为现在经济生活的普遍现象的广告,也可以成为收集信息的渠道。

7.公共场所

如码头、车上、车站、饭店、街道、商场、办公室、集会场地和娱乐场所等公共场所,也都是收集信息和获取相关资料的渠道。特别是有许多供应或需求的信息,由于供需双方没有能力实现其愿望,因而在公共场所进行发布传播,为经纪业从业者提供了很多机会。

二、信息采集的方法

经纪人必须有意识地搜集,并把经济信息用数据、文字、符号全部记载下来,作为经济信息资料。经纪人必须眼光敏锐,能够洞察周围的一切事物和获得真实的信息。

(一)实地市场调查

实地市场调查有三种不同的方式:一是可能存在市场机会的地方去进行调查;二是留心身边发生的事情;三是从偶然得到的消息中去挖掘市场。

1.经纪人要到那些可能存在市场机会的地方去进行实地考察,然后综合考察的结果,进行分析,再采取相关的行动

李某是河北省赵县的农民,几年来他先后种植6亩苹果,3栋大棚苹果,并建了可以储5万公斤的苹果储库。在李某的带动下,全村已发展成为具有千亩规模的苹果生产园区。但是,苹果生产的多了,销售又成了问题,能否卖上好价钱便成了关键,为此李某主动到各省区进行实地考察,寻找市场。一位长沙的客户有一次买走了苹果2万公斤,而且每千克高出本地价0.5元,使得全村的收入得到了很大的提高。

当然,前往全国各地实地考察需要花费很多的时间、财力和精力,一般都是有一定的经济实力,想把生意做大做好的农村经纪人比较适合这样去做。

2.经纪人要留意身边发生的事情

20世纪80年代,长沙的一个农民范某发现当地的辣椒总是发生烂市现象,而辣椒的供应又没有问题,于是他开始做起辣椒等农产品的中介服务和信息咨询,陆续在全国各个地区设立销售门市部,年销辣椒120多万公斤。但如果只是单纯的进行市场流通,仅仅只能赚取一些市场差价,并不能给农民带来增收。于是,范某投资120万元钱建起一个食品酿造厂,年加工辣椒50多万公斤。同时,还和一些豆瓣厂建立起了长期的合作关系。

3.从偶然得到的消息中去挖掘市场

偶然得来的消息,大多是属于一次性的消息,也就是说,得到

的消息只能在当时使用一次,过后就不再有用了。江西某地的村民马某,得知本省某地区这段时间比较流行用金枪鱼送礼,而且金枪鱼的价格也较高,于是他以高于本地市场销售价格收购大量的金枪鱼,然后销售到流行送礼的地区去,结果取得了非常好的收益。但是,这一流行很快就被新的流行所代替了,如果第二年还想依靠这条消息来发财,就不会有效果了。

(二)从报刊上寻找市场信息

留心各种出版物及宣传资料。报纸杂志、广播电视、产品样本、图书期刊和各种政府出版物等大众媒介中含有非常丰富的信息,经纪人既要注意系统地搜集或订阅一些特定的公开出版物,也要随时留意接触到的其他各种资料与文件。

河南省某地的一个农民周某,2005年的时候,他从《农民日报》得知郑州农科院培育的小麦产量高、市场前景好,于是他主动找到农科院,并与之签订回收小麦的合同,然后从农科院购进3 000公斤小麦种,随后同附近的农民签订订单进行播种,到了夏收时,每亩产量高达500多公斤。周某不但自己赚了钱,也帮助农户解决了小麦的销路问题。

(三)从电视广播上取得市场消息

许多农民朋友大都是从广播和电视里收听外面的消息,从广播和电视节目里面了解到有关农产品信息。农业科技电视讲座和广播讲座节目,也给农民朋友提供了许多资料和宝贵的信息。

但是,电视和广播里面的内容具有很强的时效性,而且信息非常容易流逝,不易被记住。所以广播和电视的内容在播出后,要多次重复播放,才能起到引人关注的效果,而作为农村经纪人,就要特别关注与农业方面相关的节目。

（四）到咨询信息公司了解信息

如果经纪人需要得到较为完整准确的信息,可以向信息咨询公司进行咨询。这种公司收取一定服务费,专门提供信息咨询服务,他们掌握了大量的信息,拥有现代的技术设施,专门从事对外有偿信息服务。

（五）经常注意政府有关部门发布的消息

在全国各地,负责向农民朋友发布市场消息的政府有关部门可能不同。

湖北省某县从 2000 年开始,每年县农委、科委等机构都要采取各种措施指导农村经纪人搞活农产品营销。县菜篮子办在及时通报各类信息之外,还应邀到乡镇、村进行现场指导和讲座。2005 年全县农村经纪人已发展到 3 万多人,年营业额达 12 万元以上的有 2 千多人。

农村经纪人要充分利用当地政府部门提供的相关消息,大力占领和开发周边的市场。很多经纪人是围绕在周边的省份和区县做生意,充分占领这些交易成本和运输成本比较低的市场,占领这些熟悉的市场,对农村经纪人来说是非常必要的。

作为国际市场,一般来讲需要政府相关部门来提供信息。政府部门的国际农产品市场消息,除了农业部发布的消息之外,经由商务部对外公布的信息,从我国驻外大使馆发回来的消息,都是值得广大农村经纪人高度注意的。这些消息,大多可以从一些专门的刊物上和报纸上查看到的。一般农村经纪人大多采取"公司＋基地＋农户"的高级经纪人模式,充分利用政府部门发布的国际信息,扩大市场规模,寻找更为广阔的市场机会。

旅顺某村的农村经纪人许某,每天要发 5 吨苹果到俄罗斯市场;山东某地农民的张某,和新加坡、菲律宾、马来西亚、中国香港、印度尼西亚等客商建有长期的供货关系,每年的水果销售量达3 000多吨。

当然,如果农村经纪人单打独斗地开创国际市场,则有着极大的风险,因此以经纪公司形式出现,再由政府统一组织销售,则会在规模上比单个经纪人发展的要大,而且抵御风险的能力也更强。

(六)结交信息经纪人

在经纪行业中,信息经纪人占有相当的比重,他们有的直接为买卖双方牵线搭桥,成交后收取一定比例的佣金;有的不仅为技术供求双方穿针引线,还根据市场需求自己提出开发课题,自己组织开发班子;有的则专门通过搜集信息,经过加工处理后出售给其他经纪人,从中收取佣金;有的从事科技经营,代为科技生产单位转让科技成果。经纪人结交一些信息经纪人,可以从中获取很多有价值的信息。

(七)积极参加各种"会"

这里所说的"会",是指农村经纪人研讨会、农产品展销会、农产品生产和销售会、农产品信息发布会等。通过参加这些会议,一方面可以利用机会宣传自己经营的项目,一方面可以了解整个市场状况,或者借机找到生意伙伴,或者借机建立起情报网,签订合作协议。

2005年10月,江苏省某处经纪人研究会组织举办了一场农村经纪人发展研讨会,研讨会的最初目的是提高农村经纪人水平,为江苏省农村经纪人"充电",但是实际上这次研讨会竟开成了经纪人交易会。在会上许多代表纷纷发布本企业和乡镇的招商信息,洽谈合作项目。

(八)通过互联网寻找信息

我国各省市基本上都建立了信息网络组织,通过网络组织成员之间的相互交流,或者通过提供刊物和联机服务、咨询等来获得信息。经纪人既可以不加入情报网而委托有关的咨询机构去搜集有关的信息,这样获得的信息比较真实可靠一些,也可以定期交纳一定的费用加入情报网,自己直接在情报网上进行查询。

这种通过互联网寻找信息的方式具有很多特点,最重要的特点可以从以下方面了解到。

(1)经纪人从网上无论得到的是国内的信息、还是国际的信息,都会非常快捷方便的得到最新信息。

(2)经纪人还可以通过网络直接进行谈判,最终达成交易。

河北某县的农村经纪人王某,利用信息网上交流和农产品网上远程交易,组织销售水果 5 万多吨,总成交金额达 3 亿多元。

目前最具有权威的是农业部主办的"中国农业信息网",该网除了登载农业新闻和政策外,专门设有"信息联播"、"供求热线"、"外经外贸"、"科技推广"等栏目,还与农药、种业、菜篮子、畜牧兽医、花卉、水产、农产品供求、绿色食品等行业网站有链接,与各省的农网、农业信息网有链接。

"中国农民经纪人网"也是一个很好的网站,这个网站上也有"供求信息"、"农产品信息"、"进出口信息"以及各种不同类别的"交易平台",这上面还有很多与农村经纪人有关的专门的知识介绍。除此之外,还有很多网站都提供很有价值的信息,这里就不再一一指出了。

第10课 利用信息的技巧

信息是无限的,可农村经纪人所有收集到的信息却是有限的,这就需要有效地利用信息,使其发挥出最大的作用。一条好的信息搜集到手后,需要进行分析、研究,并要有效运用信息,还需要进行反馈、控制、调节信息。信息只有经过分析、整理、交流、筛选、传递、截断等过程,才能形成生产力。

一、加工整理信息

加工整理信息是指经纪人将收集到的大量"原始"信息,根据信息内容进行归纳分析、归纳分类、计算、比较等整理工作,使其成为有用的信息,并以此来指导经纪人自己的经营活动。信息的加工整理主要有下面几种方式。

1.筛选

筛选是在鉴别的基础上淘汰那些不适用、没有价值以及一些没有必要保存的价值小、适用性差的信息资料,选择那些价值大、适用性强的信息资料。筛选是信息资料处理中的基本工作,但筛选必须仔细、认真、慎重,防止丢弃一些有用的信息资料,或是留下不适用、没有价值的信息资料。那么,筛选信息的方法有哪些呢?

(1)时序法。是指进行逐一分析、按时间顺序排列的信息资料,在同一时期内,留下较新的信息,舍弃较旧的信息,这使信息在时间上更有价值。特别是对来自文献的信息,要选择时间最近的信息。

(2)查重法。是指将内容相同、重复的信息剔除,选出有用的信息,从而减少其他环节的无效劳动。

(3)估评法。是指对某些技术性强、专业性强的信息,请专业人员或有关专家进行估评,根据其价值的大小来进行选择。

(4)类比法。是指比较同类型的信息,哪个信息量大,哪个更反映本质问题,从而确定需要保存的信息或者弃用的信息。

2.分类排序

分类排序是把无序而杂乱的市场信息,按照一定的方法和规则分类并排列成一个有序的整体,为人们获取所需要的信息提供方便。根据用户的信息查询和信息需要习惯,常用的方法共有三种。

(1)号码组织法。号码组织法是按照每个信息被赋予的大小顺序或号码次序排列的方法。某些特殊类型的信息,如标准文献、科技报告、专利说明书等,在发布时都有一定的编号。按号码对信息进行组织排列非常简便易行,尤其适合于计算机存储、处理与检索。

(2)分类组织法。分类组织法就是通过分类把各种信息归入到适当的位置中去,把性质相同的归为一类,性质不同的归为各自不同的类别。这样做,便于合理地组织和存储信息,信息管理人员也可以按照用户的要求,迅速快捷地查找和提供信息,用户也可按分类要求服务。

3.分析

信息分析强调对信息内容的深入研究和综合归纳,使其具有更强的功能性和针对性。市场信息数据库化、市场信息资料的图表化和市场信息分析报告等,都是典型的市场信息分析成果。

(1)图示化。为了形象、醒目、美观地突出趋势和特点,对市场信息资料的分析往往用一些统计图来表示。今天,计算机已经高度普及,统计图可以用统计分析软件来制作。也可以利用 Excel 软件的方便快捷的功能绘制各种示意图,而且图式也非常的丰富,在计算机中各种图式之间能够随意转换,因此选择余地大。如常见的图示有:折线图、直方图和饼状图等。

(2)表格化。统计表是信息资料分析汇总的一种重要形式,在市场信息分析过程中非常有用,也最为常用的。所以,对于大量的市场信息数据资料的表述,都要用表格来表示,这样比较一目了然,而且直观、清晰。最常用的表格化的形式是频率分布和频数分布。

此外,原始的信息经过分析、加工整理、筛选后,就成了可用信息。经纪人对这些可用信息应保存起来,建立起信息库。而且,在信息库中保存的信息必须是准确可靠的,同时还要注意几方面的禁忌。

一忌过时,即信息的时效性。经纪人不能发布过时信息,否则就是蒙骗他人。

二忌有假,即经纪人对收集到的信息,要筛选分析,去伪存真;对外发布的信息一定要真实,不能过分夸大,也不能过分缩小。

三忌讹传,即对无法证实或确认的信息,不可以轻信。

四忌片面,即有些信息的偶然性和局限性。片面的信息往往会给使用者带来不必要的损失和误导。

五忌迟缓,即对看准的信息,应马上采用。

二、传递信息

如果信息只是存放在信息库里,那这信息就不能实现其价值,更不可能转变为财富。任何信息只有经过传递,才能被人们接受和使用,才能转变为财富。经纪业务过程实质上就是信息传递过程,是为买卖双方穿针引线进行的信息传递,促成交易达成的过程和方法。因此,信息是经纪人拥有的资源和资本,是经纪人工作的基本对象。经纪人所拥有的信息价值大小、信息量的多少、信息传递的能力,决定着经纪人事业的成果大小。

信息传递是经纪业务中相当重要的一项。经纪人费力搜集到的重要信息,如果缺乏必要的、有效的手段和渠道,信息将传递不出去,那么即使是鲜活的信息,也会变得没有用了。因此,信息传递能力是一件非常重要的经纪业务。

信息传递包括传出和传入两种,并且在经纪人的整个经纪业务活动中贯穿始终。信息的传递是通过经纪人利用所掌握的信息来达成交易的。经纪人把收集到的信息,加工和有序化处理后,其对某种事物认识上的不确定性减少甚至完全消失,对某个项目由不知到知,由知之甚少到知之甚多,从而促成买卖双方交易成功,将经纪中介活动完成。此时信息的价值也就得到了实现,并且信息也实现了传递。

信息的传递速度要求必须快速化。即要采用先进的科学技术,高效而快速地传递信息,同时要尽可能地广泛的建立信息传递网络。这样,才有助于经纪人得心应手地从事其经纪活动。

市场情况瞬间就会千变万化的,因此要求经纪人以最快的速度掌握和传递信息,采取各种对策。要想提高办事效率,不误时误事,就必须速度快。所以在很多情况下,信息传递必须争分夺秒。只要稍一慢了,就可能失去良机,并造成损失。因为信息是有强烈的时间性的,甚至是异常急迫的,如果不能及时传递,就会失掉时机;并且,面临众多竞争者的你争我夺,只有捷足先登,才能取得成功。

信息传递能否做到快速化,一方面与传递信息手段有着密切的关系,一方面与人的主观努力有关,也就是说信息的传递必须科学化。传递信息科学化,即运用先进的现代科学手段来传递信息。在21世纪,一系列新的传递设备和装置出现了,传递信息速度以每秒计算。经纪人就必须要学会运用先进的技术设备来传递信息,这不仅是一场严峻的竞争,更是一场脑对脑的智力竞争。采用新的设备和技术,除了需要一定的资金,还需要使用者拥有一定的技术。当电传、电脑、传真机来到人们面前时,并非每个人都能操作和利用它们。所以要想传递信息科学化,经纪人就必须提高自身的科学文化素质。

信息传递手段要求科学化、多样化。这种传递方式能够使信息传递的更高效、快速、准确、方便、广泛、灵活。实现科学化是搞好信息传递的可靠保证和根本措施。传递信息手段和渠道主要有:利用直接的语言和动作进行传递、利用出版物传递、利用现代的通信设施进行传递等。在这些传递信息渠道和手段中,电子通信已经成为最快速和最重要的传递信息的手段,而且技术化的程度也越来越高。在经纪活动中,经纪人应量力而行,尽可能选择先进的通信手段和工具来装备自己。

此外,值得注意的是,在传递信息时,经纪人要特别注意区分信息的可传性与不可传性,也就是说,区分出哪些信息是可以公开说明的,哪些是只能在一定范围内或需要保密传递的。

三、信息的控制与调节

信息所反映的事物总是不断变化和运动着的,要卓有成效地运用信息,就必须注意反馈、控制和调节信息。另外,在一定时期内任何人接受和处理信息的能力是有所不同的,不可能一次用尽经营决策所必需的全部信息,因此对信息的利用,经纪人是不可能一次完成的,而是要经过反馈、控制和调节,才能有效地多次使用有用的信息。

控制是指一个系统在接受了外界某种信息之后,促使系统内物质能量、信息的合理流通,实现既定目标的全部过程。控制是从接受信息开始的,人们要实现自己想达到的某个经济目标,就必然经历一个控制过程。那么,怎么样才能对经济过程实现有效控制呢?这就要求助于反馈。其实,控制的含义是就经济系统的内核而言的。对系统的外部环境来讲,是没有控制的。这并不是说人们在环境中的作用和力量是微不足道的,只能任其摆布,而是说人们通过与环境交流信息,并通过反馈机制,才能够不断进行调节,这样才能实现与环境的和谐一致。也就是说,人们能实现对环境的局部或间接控制。

在现实经济生活中,信息的反馈与调整信息充分有效的利用是很重要的。我们总是会遇到一些这样的情形,原来制定的计划,可能在执行中由于环境或人为的影响,使该计划不再具有效力,这时如果经纪人精明,就能及时发现新情况,并经过研究分析,作出适当的调整,从而达到预期的效果;而另一个不会审时度势的经纪人,对出现的新情况漠不关心,或者知道了却没有及时调整,结果导致失败。可见,信息反馈与调整有着极为重要的作用。

物质流动与信息流动相比,其最大不同在于:物流是单向运动,不可逆转的;而信息流则是双向运动,因此当得到信息后,就会产生一个信息反馈。有反馈才谈得上有效控制,因此才会有成功的把握。

总之,利用信息必须力求做到及时、全面和完整,并注意信息作用的环境和条件,通过反馈与调整,获取最丰厚的双赢效益。

第四单元　农村经纪人的经纪技巧

第11课　接近客户的策略

在经纪活动过程中,农村经纪人同客户接近是一个非常重要的环节,它是经纪人为接触目标客户与进行营销洽谈进行的初步接触。能不能成功地接近客户,直接关系到整个经纪工作能否顺利完成。经纪人想要成功地接近客户,就需要做精心的准备和策划。

一、农村经纪人接近客户应做的准备

一般来说,农村经纪人接近客户前应该做好的准备有:精神准备、培育友好氛围、客户的资料准备、必要的物质准备、适应经纪营销的情境。

(一)精神准备

农村经纪人在与客户接近之前,最容易出现的问题就是信心不足,总是这也担心,那也担心。比如,担心客户是否会接受自己的营销访问? 客户如果拒绝自己应该怎么办? 在营销过程中,这种经纪人心中的"恐惧",如果表现在言行举止上,就会失去客户对你个人以及你所经纪的产品的信心。要知道,营销是一种信心的传递,如果想要获得顾客的信任,就必须让自己以及所经纪的产品表现出自信心。同时,经纪人必须克服逃避心理和畏难情绪,敢于并勇于正视客户的拒绝,冷静地排除各种障碍,保持一种高昂的精神状态。

(二)充分的物质准备

农村经纪人与客户见面时,为避免出现脚乱的场面,因此在约见前必须做好充分的物质准备,具体包括物品准备和仪表准备等。

（三）客户的资料准备

通过对接近客户支付能力、购买欲望、购买资格等情况的进一步审查，使营销接近工作更加富有效率和针对性，这样可以使经纪人行动不慌，心中有数。

（四）培育友好气氛

农村经纪人在接近客户时，通过约见准备阶段后，对客户情况的了解，从客户感兴趣的话题入手，形成铺垫，从而培育出友好的气氛，以利于接下来正式的洽谈。

（五）适应经纪营销情境

不同客户行事方式和性格特点是完全不同的，不可能用一种接近客户的办法适合于所有人。有的人工作忙碌，很难有时间见到；有的人成天都在家里或办公室很容易见面；有些人注重经纪人的风度和仪表；有的人喜欢迂回方式地交谈，有的人则喜欢开门见山；有些潜在客户非常讨厌爱露锋芒的人，对于试图征服他们使其接受营销产品的人有着强烈地反感和抵触情绪；有些潜在客户非常讨厌抽烟，尤其是讨厌在交谈中吸烟；有些人有着强烈的时间观念，喜欢守时。针对这些特点，经纪人要随时调整自己的行为方式，以便更好的适应经纪营销情境。

二、农村经纪人接近客户的策略

顺利进行经纪洽谈的保障，是农村经纪人运用和设计正确的接近策略。为了使营销接近能够有成功的保障，经纪人一定要把握好以下策略。

（一）调整心态

在与陌生客户接近过程中，农村经纪人表现出紧张的情绪，是极为普遍的。大多数经纪刚一开始都害怕接近客户，总是以各种借口来避免接近客户，这种现象被称之为"营销恐惧症"。其实，有时客户拒绝和冷漠的原因是多方面造成的，作为经纪人要对客户充分理解,并且坦然接受。成功的经纪人要学会专注放和松的技巧,让自己想办法来克服压力。经纪人还要设想出可能发生的最坏情况,同时做好应如何应对的准备,甚至做到接受的准备。积极的态度能够使事情成功。

(二)迎合客户

农村经纪人可以采用不同的身份和方式去接近不同类型的客户。根据事前获得的信息或接触瞬间的判断,选择相适合的接近方法。经纪人应该扮演客户喜欢接受的角色,服装仪表、语言风格、情绪状态都要依据客户的喜好来作出一定的调整。

(三)控制时间

经纪人必须懂得控制接近的时间,要不失良机地把话题转入到正式的洽谈。接近客户的最终目的是为了进行经纪洽谈,而不仅仅是引起客户的兴趣和注意。有一些缺少经验的经纪人,总是不好意思谈论自己想要说起的经纪话题,结果到客户要离开了,还没谈到正题上,这种接近效果是非常不理想的。因此,经纪人要视具体情况,把握好时间的长短。

(四)减轻客户的压力

如果客户具有心理压力,经纪人则必须尽快帮其消除。在接近过程中,有一种独特的心理现象,即当经纪人接近客户时,客户会在无形中产生一种压力,仿佛只要接受了经纪人,就是自己承担了购买的义务。正是这种心理压力,使一般客户不愿意同经纪人接近,因此对经纪人的接近,表现出冷淡或拒绝。这种客户所产生的心理压力,其实就是经纪人接近客户的阻力。只要经纪人能够消除或减轻客户的心理压力,就减少了与客户接近的困难,进而顺利转入正题。

第 12 课　接近顾客的方法

农村经纪人在与客户正式接近时,想要争取主动权,使客户有兴趣继续洽谈,可以运用一定的接近方法来实现。常见的接近方法有三类:即陈述式接近、提问式接近和演示式接近。每一大类又包括着一些具体的方法。这些方法可以使经纪人与客户洽谈得更加得心应手。

一、陈述式接近

陈述式接近,是指农村经纪人直接向客户说明产品所带来的好处,以引起其兴趣和关注,进而转入到经纪洽谈的接近方法。经纪人陈述的内容可以是使用营销产品之后所带来的好处,也可以是营销产品所带来的丰厚利益,或者是某位客户的好评,陈述之后便提出问题,以试探买主的反应。陈述式接近又包括赞美接近法、介绍接近法、利益接近法和馈赠接近法。

(一)赞美接近法

赞美接近法,是指经纪人利用客户的自尊心,来引起客户的兴趣和关注,进而转入到正式洽谈的一种接近方法。关于赞美的功用,著名人际关系专家卡耐基在《人性的弱点》一书中曾说:"每一个人的天性都是喜欢别人来赞美自己的。"赞美接近法就是经纪人利用人们希望赞美自己的愿望,来达到接近客户的目的。用这种方法来接近客户,有时会得到意想不到的效果。这是因为,人们的天性就是喜欢听好听的话。人们在心情愉快的时候,更容易接受别人的建议,经纪人应该抓住时机,进行正确地营销引导。

有一个专门经纪各种农产品的经纪人便是从赞美开始的,他对某客户说:"孟经理,我多次去过你们商场,作为本市最大的农产品市场,我非常欣赏你们商场店堂的布局,窗明几净,你们货柜上陈列着省内外许多著名品牌的农产品,服务员百问不厌,和蔼可亲,可见您为此花费了不少心血!"听了经纪人的恭维话语,这位农贸市场的经理虽然嘴里说一些客气话,可是心里却乐得不得了。可见,用这种赞美对方的方式来开始洽谈经纪,很容易获得顾客对自己的好感,经纪成功的可能性也大大增加。但是,使用赞美接近法还应注意以下几点。

1. 选择适当的赞美目标

经纪人要选择适当的目标进行赞美。就个人购买者来说,个人的衣着、长相、风度气质、举止谈吐、家庭环境、才华成就、亲戚朋友等,都可以成为赞美的对象;就组织购买者来说,除了上面那些赞美目标之外,企业规模、名称、服务态度、产品质量、经营业绩等,也可以成为赞美的对象。但是,经纪人如果胡吹乱捧,信口开河,则会弄巧成拙,使经纪洽谈失败。

2. 选择适当的赞美方式

经纪人对客户进行赞美,要把握分寸,还要诚心诚意。其实,虚情假意与不合实际的赞美,只会使客户处于难堪之中,甚至造成客户对经纪人产生不好的印象。对于不同类型的客户,赞美的方式也不尽相同。对于虚荣心强的客户,经纪人可以尽量发挥赞美的作用;对于严肃类型的客户,赞美的词语应点到为止、自然朴实;对于年老的客户,应多用委婉的语言赞美;对于年轻的客户,则可以使用比较热情的辞令赞美。

(二)介绍接近法

介绍接近法,是指经纪人通过经第三者介绍或自我介绍来接近营销对象的办法。按介绍主体不同,介绍接近法可以分为他人介绍法和自我介绍法。

1. 他人介绍法

他人介绍法,是指经纪人利用与客户熟悉的第三者,通过打电话、写字条、写信函,以及当面介绍的方式来接近顾客。在经纪人去拜访不熟悉的客户时,托人介绍是一种非常行之有效的接近方法,因为受托者是跟客户有一定交往的人,如朋友、亲戚、同学、同乡、同事等,这种方式往往使客户出于人情面子,而不得不接见经纪人。

如果你确实认识一个客户认识的人,他也曾告诉你客户的名字,或者会告诉你该顾客对于你产品的需要,那么你就可以说:"马先生,你的朋友吴先生要我前来拜访,跟你谈一个你会感兴趣的问题。"这时,马先生可能会马上想知道你所说的一切,这样你就能引起他的注意,从而达到你的目的。同时,这位新的客户也会对你感到亲切。但是,一定不要虚构朋友的介绍,否则就会适得其反。

2.自我介绍法

自我介绍法,是指经纪人自我口头表述,然后用身份证、名片、工作证等证件来辅佐,以此达到同客户相识的目的。这种口头介绍可以比较详细的解说一些材料或书面文字难以了解清楚的问题,经纪人可以利用语言的优势来得到客户的好感,打开对方的心扉;名片交换非常普遍,可以弥补口头介绍的不足,并且有利于日后联系;利用身份证和工作证,可以使客户更加相信自己,消除心中疑虑。

可以说,自我介绍法是一种最常见的接近客户的方法,大多数经纪人都采用这种接近方法。但是这种方法在一开始很难引起客户的兴趣和注意。所以,通常情况下,还需要与其他的方法配合使用,才能较为顺利地进入正式洽谈。

(三)利益接近法

利益接近法,是指经纪人以客户所追求的利益为中心,简明扼要地向客户介绍产品能为客户带来的利益,满足客户的需要,达到接近客户目的的一种方法。利益接近法着重说明经纪产品能给客户带来的收益,符合客户满足需要和追求利益的心理,因而能引起客户的兴趣和注意。如果经纪人可以用精练的语言,把产品优点与客户最关心的利益和问题联系起来,就会取得较为理想的效果。如一位蔬菜经纪人向客户说:"本协会生产的各类蔬菜的新鲜度比其他产区生产的同类产品要好,价格便宜,量大还可优惠。"

二、提问式接近

农村经纪人最常用的方法,就是通过提问来接近客户,因为提问方式能使经纪人确定客户的需求,促成顾客的参与。在提问式接近中,问题的确定是非常重要的,应该提出那些业已证明能够取得客户积极响应的问题。通过提问题来接近客户,其具体方法有许多,其主要接近法有:好奇接近法、介绍问题接近法、震惊接近法和求教接近法四种。

(一)好奇接近法

每个人都有好奇心,这种好奇心理是使人类去探索未知的事物动力。好奇接近法是利用客户的好奇心理,引起客户对经纪人或经纪产品的兴趣和关注,从而点明经纪产品所带来的利益,以便于进入洽谈的接近方法。经纪人接近客户时并不一定就是不安和紧张的,有时经纪人也是愉悦的,特别是那些喜欢创造的经纪人。这是因为,好奇接近法就是需要经纪人发挥创造性的灵感,制造好奇的事情与问题。

一般来说,采用好奇接近法,应该注意三个问题:第一,在认真研究客户的心理特征的基础上,做到出奇制胜。第二,引起客户好奇的方式,必须同经纪活动相关。第三,引起客户好奇的手段要奇妙而不荒诞,必须合情合理。

(二)问题接近法

问题接近法是通过经纪人直接面对客户提出相关问题,通过提问的形式激发客户的兴趣和关注,进而顺利转入到正式洽谈的一种方法。经纪人在不了解客户真实想法的情况下,直接向客户提出问题,促使客户进行思考,然后引发讨论,以此来吸引客户,再转入到经纪人的面谈。

问题接近法是经纪人公认的一种行之有效的方法。提问容易引起客户的注意,能够引发双方的讨论,在讨论的过程中,客户的真实意见、需求、观点等就比较容易表露出来,经纪人就可能发现客户的需求,并能够在一定程度上引导顾客去思考和分析,然后根据顾客对问题的反应,进行解答,从而把所经纪的产品和客户的需求联系起来。问题接近法虽然是比较有效的方法,但其要求也较高。经纪人在提问与讨论过程中,需要注意下面两点。

1. 提出的问题要突出重点,不能拾人牙慧,隔靴搔痒

在生活中,每一个人都有许多问题,其中有主要和次要之分。经纪人只有抓住最重要的问题,才能打动人心。经纪人所提出的问题,重点应放在客户感兴趣的主要利益上。如果客户的主要动机在于求名,提问则要放在品牌价值上;如果客户的主要动机在于节省金钱,提问要放在经济性上。所以,经纪人必须想出适当的问题,把客户的注意力集中于他想要解决的问题上面,进而缩短成交距离。

2. 提出的问题应表述明确,不可使用模棱两可或含糊不清的问句,以免客户听来费解,甚至误解

例如"你愿意购买苹果吗?"这个问题看起来虽然简单明确,可实际上并不明确,只是说明"购买苹果",究竟购买什么样的品种?购买多少?何时购买?都没有任何说明,很难引起顾客的注意。但如果换得"你希望今年购买5万元的国光苹果吗?"这个问题就比较明确了,也比较容易达到接近客户的目的。一般来说,问题越明确,接近的效果就越好。

(三)震惊接近法

所谓震惊接近法,是指经纪人利用某种令人震撼人心或吃惊

的事物引起客户的兴趣,进而转入面谈的接近方法。如果经纪人利用客户震惊后的恐慌心理,抓住时机提出方案,大多会收到良好的接近效果。

经纪人使用这种方法时,要注意几个问题:第一,经纪人使客户震惊,必须结合客户的特征,仔细研究具体方案。第二,经纪人用来震撼客户的统计分析资料、客观事实或其他手段,要与该项经纪活动有关。第三,要尊重客观事实,讲究科学,不可为震惊客户而过分夸大其词,更不可信口开河。第四,经纪人使客户震惊,要适可而止,令人震惊但绝不能引起客户的恐惧。

(四)求教接近法

求教接近法,是指经纪人利用向客户请教问题的机会,以达到接近客户的目的的一种方法。在经纪工作中,经纪人可能需要接近个性高傲的客户,但是这类客户非常难接近。然而,这种客户一般不会拒绝虚心求教的经纪人。这类客户喜好奉承,经纪人如果能以登门求教的姿态出现,自然会受到欢迎。如经纪人可以这样说:“李经理,你是园艺方面的专家,你看看我们协会生产的水果品质如何? 还有哪些不足和需要改进的呢?”

求教接近法对那些刚涉足经纪生涯的人来说,是一个比较好的方法。但在具体运用这种方法接近客户时,要注意几个问题:第一,美言在先,求教在后;第二,虚心在前,恭听在后;第三,求教在前,经纪在后。

以上介绍了接近客户的技巧方法,在经纪工作中,农村经纪人要灵活运用,可以多种方法配合使用,也可以单独使用一种方法,还可以自创独特方法来接近顾客,以此来达到经纪好业务的目的。

三、演示式接近

演示式接近最显著的特点,是通过向客户展示具体产品的使用效果和过程,或直接让客户品尝、试用产品,以引起客户注意,并激发其购买欲望的方法。演示式接近按客户参与的方式不同,可以分为表演接近法和产品接近法两种。

(一)表演接近法

表演接近法,是指经纪人利用各种戏剧性的表演活动引起客户的兴趣和关注,进而转入面谈的客户接近方法。这是一种传统的经纪接近法,如卖艺、街头杂耍等都采用现场演示的方法来吸引客户。在现代经纪活动中,在一些场合还可以用表演的方法来接近客户。在利用表演接近法时,经纪人必须选择有利的时机出场,表演自然,剧情合理,才可以吸引到客户。如果表演做作,则会引起客户的反感,而达不到目的。

(二)产品接近法

产品接近法,也称实物接近法,是指经纪人直接把样本、产品、模型放在客户面前,有些产品可以直接请客户品尝,以此来引起客户对其经纪的产品的兴趣与关注,进而进入面谈的接近方法。产品接近法是经纪人与客户首次见面时经常采用的方法。这种方法的关键在于,要凭借产品的性能、用途、造型、色彩、手感、味道等特征来取代经纪人的口头宣传。让产品本身去现身说法,这种做法更符合客户的购买与认识心理,因而接近顾客的效果比较好。

第13课 约见客户的准备

在经纪业务活动中,农村经纪人在没有经纪业务进行谈判前,就要和新、老客户或单位法人约见,并建立联系,以便进行谈判,确立相互之间的业务关系。农村经纪人在初步确定了准客户之后,便需要对准客户进行经纪访问。由于某些原故,经纪人去访问一些营销对象,却常常"扑空"。经纪人想要有效地接近访问对象,首先需要做的一件事就是做好约见准客户的准备工作。由于营销对象不同,而约见准备的内容也不尽相同。

一、经纪约见客户前的准备

经纪约见准备,是指在与客户正式约定见面和正式接触前,农村经纪人针对某一特定准客户进行的准备工作,是为进一步了解、掌握和分析客户的情况,而进行预先准备的过程,是极为重要的营销工作环节,也是客户资格审查的继续。下面分别介绍约见个人购买者、老客户和法人购买者时应做的准备。

(一)约见个人购买者的准备

约见个人购买者,最重要的是掌握一定的客户个人背景资料,具体说来,应包括下面几个方面。

1. 记住约见客户的相貌特征

经纪人在接近农户的准备阶段,要了解准客户的相貌、音容、身体等特征,最好能有一张准客户的近期相片。人的体形与相貌总是反映着人的性格特征、健康状况、文化修养、内在气质。掌握准客户的身体、相貌等特征,经纪人可以避免接近时出错,而且便于提前进入洽谈状态。一些经验丰富的经纪人,在确定了拜访对象以后,就会面对准客户的相片,在脑中开始设想与准客户的对话,直到认为自己说出了让客户满意的话为止,然后便充满自信地去接近客户。

2. 记住约见客户的姓名

约见准备的第一步就是了解准客户的姓名。如果经纪人能在一见面时就叫出客户的姓名,就会缩短与客户之间的距离,从而产生一见如故的感觉。经纪人准确的说出客户的姓名,可以让客户感觉到非常重视自己,进而吸引更多的新老客户,使生意更加兴盛。记住客户的姓名,是赢得客户信任,获得经纪成功的第一步。

3. 记住约见客户的性别

在接近一个准客户时,农村经纪人应该了解清楚对方的性别,从而制定不同的营销方案。在这一点上,农村经纪人不能望文生义地从姓名、职位、职业主观地判断其性别,从而造成错误。

4. 了解约见客户的年龄

不同年龄的人会有不同的需求特征和个性差异,因而会有不同的购买行为和消费心理。经纪人在接近客户之前,应采取合适的途径和方法了解客户的年龄,这样便于研究、分析、把握客户的消费心理,制定营销接近策略。

5. 了解约见客户的出生地

一个人出生和生长的地方,会给其生活习惯甚至性格打上烙印,对他们都有非常大的影响。经纪人了解准客户的出生地,可以此为话题拉近与其的感情距离,还可以从侧面揣测其性格特征和生活习惯。

6. 了解约见客户的职业状况

不同职业的人,在长时间的工作中会形成自己独特的职业性格,不同职业的人在生活习惯、购买行为、价值观念和消费方式、消费内容等方面,都有着明显的区别。所以,针对不同职业的准客户,经纪人在认识方式、约见方式、接近方式与洽谈方式上也不尽相同。

7. 了解约见客户的经历

经纪人了解营销对象的工作和学习经历,有助于约见时与客户的寒暄交谈,从而拉近双方间的距离。然后在适合的时机,提出经纪人想要拜访的目的,成交也就自然水到渠成了。如果经纪人刚好同客户有着共同的语言,那么双方就会非常谈得来,最后自然会在愉快的气氛中达成了交易。

8. 了解约见客户的兴趣

经纪人了解客户的兴趣与爱好,有利于具有针对性地向客户进行营销活动,以便投其所好,而且有利于寻找更多的共同话题来接近客户,使谈话气氛融洽,并且能够避免冒犯客户。一位并不吸烟的经理,只是偶尔坐到一个有着烟灰缸的桌子前面,一个营销员就赞扬其是"懂得生活",并且硬塞给这位经理一支烟,结果引起经理的反感,反而没有办成事情。还有一位经理在办公室里挂了一幅有着国际象棋图案的相片,于是就有一些经纪人到他的办公室后与他谈起了国际象棋,还以为是投其所好,结果使他哭笑不得,因为他根本不懂。可见,经纪人应该深入了解客户的爱好,避免弄巧成拙。

9.了解约见客户的民族性

我国是一个民族众多的国家。从东到西,从南到北,各行业都有着不同民族的人,他们都一定程度地保持着本民族的习惯。经纪人要了解客户是哪个民族,并且要准备好有关各民族风俗习惯的材料,这是接近客户的一个好办法。如果要到少数民族地区去进行营销活动,更要入乡随俗,切不可做出有违于民族风俗习惯的事,尊重对方的民族习惯是进行长期合作的基础所在。

10.掌握约见客户的地址

客户的办公地点、住址和经常停留、出入的地方,对农村经纪人来说是非常重要的资料。在接近准备阶段,一定要不厌其烦地核对清楚。例如,邮政编码、街道名、区名、楼名、门牌号以及其周围环境特征。传真机、联系电话、电子邮箱等更是要搞清楚,以便顺利到达接近地点,以及节省接近拜访时间。

11.了解约见客户的需求

这是经纪人接近客户前准备工作的重要方面,同时也是客户资格审查的重要内容之一。经纪人应了解客户需求的具体情况,如购买需求的动机和特点,以及购买决策权限和购买行为的规律性等,便于具有针对性地做好农产品营销工作。

(二)经纪约见老客户的准备

老客户是农村经纪人固定和熟悉的买主。经纪人保持与老客户的密切联系,是保证客户队伍的稳定,并取得良好经纪业绩的重要条件。对老客户的接近准备工作,和对新寻找的目标客户的准备工作是不同的,因为经纪人对老客户已经有了一定程度的了解,主要是对原有资料的调整和补充,以及对原有资料错漏、不确切、不清楚等方面的补充和修订,基本上是对原有客户关系管理工作的延续。那么在约见老客户前,应做哪些准备工作呢?

1.关注老客户的变动情况

最重要的是经纪人要对原来档案中的资料,进行审查,看看是否有变动。所以,各项资料都应逐一审查,并加以核对。

2.重温老客户的基本情况

在见面之前,应该重视和注意对老客户的原有情况再度温习与准备。通过温习,在见面时可以从这些内容入手,进行寒暄交谈,这样会使老客户感到亲切。

3.掌握老客户的反馈信息

对于老客户来说,农村经纪人再一次拜访接近前,应该先了解老客户上一次成交后的反馈情况。了解客户反映的内容主要有:产品价格、供货时间、产品质量、售后服务和使用效果等。

(三)约见法人购买者的准备

农村经纪人约见法人购买者,是经纪工作的重要一环。法人购买者是指除个体客户以外的所有客户,购买者包括政府机关、工商企业、社团组织、事业单位和军队等机构。由于法人购买者的购买数量大,业务范围广,而且购买决策人与购买执行人大多是分离的,使法人购买者的购买行为变得异常复杂,因此涉及的问题和内容也比较多。同时法人购买者的购买力强,消费周期与生产周期较长,对农村经纪人来说,完成团体客户的营销接近计划显得更有价值。

法人购买者主体同时兼有两种社会角色,即法人代表和个人代表,其在进行购买决策时,会同时考虑个人与团体两方面的利益。所以,经纪人准备的资料应比个体顾客更为充分才行。这里以工商企业客户为例,说明约见法人准客户应做的准备工作。

1. 了解法人购买者的生产经营情况

团体客户的生产经营情况对其购买行为有着直接的影响。所以,在经纪人接近团体客户之前,应尽量全面了解其生产经营情况、生产经营规模、生产能力、经营范围、设备技术水平、资信与财务状况、企业的市场营销组合、技术改造方向、市场竞争,以及企业发展方向等内容。

为此,经纪人可以了解客户产品线的长度、宽度,以及产品线之间在材料来源方面的关系等,并且要了解客户企业的设计生产能力,以及潜在的生产能力和目前已经达到的生产能力,从中寻找营销产品的机会。如果客户属于商业机构,应该了解其商品规模、营业面积、客流量、商品等级、商品特点、购买者的购买行为等,并且要了解清楚对方的资信情况。

2. 掌握法人购买者的基本情况

法人购买者的基本情况包括法人购买者的品牌商标、机构名称、营业地点等。另外,经纪人还应了解法人客户的注册资本、所有制性质、交通条件、职工人数、通信方式等。这是由于,了解团体客户的公司规模,就可以推测出该机构对产品的支付能力和需求量,了解团体客户机构的所在地,便于通信联络营销事宜,同时也可以根据当地的运输条件来确定相应的营销产品价格。

3. 了解法人购买者的人事状况和组织结构

经纪人不仅要了解法人客户的规章制度、近远期目标和办事程序,而且还要了解它的人事状况和组织结构、人际关系,以及关键人物的工作作风和职权范围等内容。因为对团体客户的营销,实际上是向执行人或机构决策人推销,而并不是向机构本身推销。

但是,由于机构本身具有的复杂组织结构和人事关系,对推销能否成功有着重要的影响。所以,经纪人在接近团体客户之前,掌握机构的人事状况和组织结构,展开有针对性地营销接近工作,对顺利的进行营销活动是非常重要的。

例如,在一般情况下,要对由哪些部门产生购买需要或者提出购买申请,由哪些部门发出招标书和选择供应商,由哪些部门或机构对购买申请进行审核,会有哪些机构与个人对购买决策行为施加影响等情况了解清楚。再者,还要了解关键的部门和人物,要了解关键人物的爱好、价值观念、性格等情况,在购买过程中经纪人应该对客户各个阶段的"实权派"有一个较为深入的了解。

4.了解法人购买者的采购习惯

一般来说,不同的法人客户有着不同的采购习惯,包括购买途径、采购对象的选择、购买批量、购买周期、结算方式等方面都不尽相同。在准备工作的过程中,经纪人要对团体顾客的采购习惯进行全面、认真、细致的分析,再结合营销产品的性能和特征,确定能否向客户提供新的利益,以及团体客户对营销产品采购的可能性。

5.了解法人购买者的其他情况

对影响客户购买的其他情况也要了解。例如目前进货渠道有哪些?购买决策的影响因素有哪些?发展前景如何?维持原来的购买对象与可能改变的原因是什么?目前客户与供应商的关系如何?顾客的满意程度如何?目前竞争对手给准客户的优惠条件是什么?等。

6.掌握法人购买者的联系方式

应了解法人客户团体总部所在地,以及各分支机构所在地,还要了解清楚其详细地址、传真号码、邮政编码、具体准顾客的电话、公司网址,另外还要了解及前往约见与接近时所利用的交通路线及交通工具,进入的条件和手续等情况。

二、约见客户时的内容

农村经纪人在约见顾客时的内容,要根据经纪人与客户关系的密切程度、营销面谈需要等具体情况来确定。比如对来往不多的一般客户,约见的内容要尽量详细一些,准备应充分些,以期发展成为长久的良好合作关系;对关系密切的客户,约见的内容应尽量简短,不用面面俱到,提前打个招呼就可以了;对从来没有见过面的新客户,则应制定周到而细致的约见内容,以引起对方对经纪活动的兴趣和关注,消除客户的疑虑,赢得客户的配合与信任。约见的基本内容包括确定约见对象,明确约见目的,选择约见地点,安排约见时间四个方面。

(一)确定约见对象

农村经纪人在这里所确定的约见对象,是指对购买活动具有重大影响或对购买行为具有决策权的人。农村经纪人要事先弄清楚约见的对象到底是谁,从而避免把营销活动浪费在无关紧要的人身上。所以,在确定约见对象时,要根据营销业务的性质,设法约见对购买决策有重大影响的人或购买决策人。对于企业客户而言,公司的董事长、厂长、总经理等是企业的决策者,他们拥有决定权,是农村经纪人首先应该选择的约见对象,经纪人如果可以约见这些决策者,将为以后在该企业里的营销铺平道路。农村经纪人在尽力约见购买决策人的同时,也不要忽视那些对购买有影响力的人物,如总经理助理、办公室主任、秘书、部门经理等人。他们虽然没有最终购买决定权,但他们比较接近决策层,可以在企业中行使较大的权力,对决策者的决策活动也具有着极大的影响。

(二)明确约见目的

农村经纪人约见客户要有明确的目的,经纪人的营销访问要有针对性,同时也要让顾客感到约见的必要性。虽然约见顾客的最终目的是为了能够顺利营销商品,但约见目的因顾客、具体营销任务和营销进展阶段的不同而不同,常见的约见目的有:市场调查、营销产品、联络老客户、提供服务、签订合同、收取货款等。

1. 市场调查

市场调查是农村经纪人的重要职责之一。通过对客户及其所在地市场情况的调查,可以搜集和掌握可靠真实的市场信息,为进一步营销工作作出准备,而且有利于营销的深入开展,并为企业的经营决策提供信息上的帮助。同时,以此为理由约见客户,由于不需要实际的购买行动,则更易让对方接受,从而得到客户的信任、支持与合作。另外,通过调查研究性的访问,还可以了解到其他潜在客户的需要,从而扩大调查和营销的对象。

2. 营销产品

营销产品是农村经纪人最常见的约见目的。在此约见目的下,为了使约见能够成功,可以着重说明所营销产品的性能、用途和特点等。如果客户的确需要推销产品,就会非常欢迎经纪人前来,并进行合作。如果客户确实不需要,农村经纪人最好不要强求。

3. 联络老客户

对于经纪人和企业来说,要保证基本顾客队伍的发展与稳定,不断提高销售业绩,就要不断寻找、发展、发现新客户,而且还要不断巩固与老顾客的感情,从而建立起稳定的销售网。这种方式既可以与顾客增进感情,引起顾客的好感,又可以赢得主动,还可以搜集到合理化建议和有价值的信息,甚至获得忠告,为经纪工作奠定良好基础。

4. 提供服务

在现代市场竞争中,农村经纪人的服务起着非常重要的作用,提供服务作为非价格竞争的主要方式,是营销成功的保障。可以说营销产品和提供服务同样重要的。其实,营销本身就是一种服务。由提供服务作为约见客户的理由,往往是非常受欢迎的。通过这种方式既可以扩大企业影响又可完成经纪任务,树立企业及其经纪人的良好形象,并为营销奠定较好的基础。

5.签订合同

农村经纪人与客户多次进行营销洽谈后,达成购买意向,就需要共同商讨营销中的具体细节,并签订合同。以此为目的的约见,不能过于急切,要尊重客户的时间。因为签订合同并不意味着一次交易的结束,而是意味着下次交易的一个良好开端,所以必须要高度重视。

6.收取货款

收取货款是营销过程中的重要环节,也是农村经纪人的职责之一。没有收回货款的经纪是没有完成的经纪,不能收回货款的营销则是失败的营销。农村经纪人不能足额、及时地收回货款,就会使企业的资金难以周转,进而没有能力购进原材料,使生产受到阻碍,给企业带来不利影响。

总之,约见顾客的目的有很多种。农村经纪人应根据具体情况,创造各种机会约见,来接近客户,扩大自身的影响范围,树立企业形象,提高企业信誉,进而达到预期的营销目的。

(三)选择约见地点

农村经纪人选择与确定约见地点,应坚持有利于约见和营销,以及方便顾客的原则,这样才有利于达成交易。约见地点的选择方式,有以下几种。

1.根据具体情况,利用各种公共场所和社交场合作为约见客户的地点

如酒会、歌舞厅、公园、座谈会等,在这种场合下,双方企业的影响力是均等的,也比较容易对客户施加影响。

2.选择农村经纪人的工作地点或工作单位作为约见地点

这种选择方式可以增进客户对公司的了解,增强其对公司和产品的信认。但选择本公司作为约见地点,则需要事先进行一些相应的策划和准备。一般来说,在本单位约见客户,营销的成功机会则会比较大。

3.选择客户工作单位为约见地点

这是一种比较常用的方式,在大多数情况下,客户一般是被动的,而经纪人则是主动的。但是,这种选择容易使经纪人在心理上处于弱势,不利于营销活动的进行。如果营销的产品是日常生活品或消费品,则以客户居住地为约见地点,既方便客户,又显得自然亲切。

(四)安排约见时间

农村经纪人约见客户的时间安排是不是合适,则直接影响到约见客户的效率,甚至影响到营销洽谈的成败。在日常工作中,一些经纪人之所以营销失败,并不在于主观努力不够,也不在于营销本身有问题,而是选择约见的时机不合适。所以,有经验的经纪人都对约见时间的安排非常重视。对于合理地安排约见客户的时间,经纪人要掌握最佳的时机,一方面要培养自己的职业敏感性,择善而行,确定约见客户的最佳时间;一方面要广泛搜集信息,做到知己知彼。经纪人最佳约见客户的时间,可以选择下面几种情况。

(1)客户刚开张营业,正需要服务或产品的时候。

(2)客户刚调薪或领到工资,心情愉快的时候。

(3)对方遇到喜事吉庆的时候,如获得奖励、晋升、销售庆典等。

(4)客户遇到困难,心情不愉快,急需帮助的时候。

(5)节假日之时,或者对方工程竣工可经营庆典等的时候。

(6)下雨、下雪的时,通常人们不愿在严寒、暴风雨、大雪冰封、酷暑时前去拜访,但经验表明,这些时候是农村经纪人上门访问的大好时机,因为在这样的环境下前往营销访问,往往会将客户感动。

(7)客户对原先的产品不满意时,对你的竞争对手有意见的时候。

第14课　农村经纪人如何增加收益

获取高昂的经济收益,是每一个农村经纪人都期望能够达到的目标。但是在经纪交往中,农村经纪人的经济效益是高低不同的。为了能够有效地增加经济效益,农村经纪人应对下面的几点情况加以特别关注。

一、了解客户需求,把握市场特点

市场运行的基本法则,是指只有满足客户需求,经纪人才能获取收益。也就是说,要想获取经济效益,就必须了解生产者能生产什么,客户需要什么,同时还要对市场的供求变化作出比较准确的预测,了解商品消费者和经营者需求的变化趋势。

二、注意学习现代化科学技术和信息技术

农村经纪人的工作就是帮助广大农民找到市场,解决大市场和小生产的矛盾问题。现在的市场变化万千,要想更好地完成自己的职责,就必须及时的了解市场需求和市场变化。农村经纪人仅仅依靠自己去跑、去调查,是跟不上时代的节奏的。尤其是那些想要在全国甚至全世界开展业务的农村经纪人,必须依靠现代科学技术等先进手段,不断改善经营环境,才能提高捕捉市场机会的能力。

总之,现代农村经纪人必须充分利用网络技术和现代通讯技术,才能提高信息收集的速度,从而增加分析预测能力,使自己的经纪市场范围不断拓展,从中获得更高的经济效益。

三、避免价格竞争，努力树立品牌意识

在很多行业中，竞争都是以价格竞争为重要手段，结果总是使竞争的双方两败俱伤。在经纪行业的竞争中，最好避开通过价格竞争来争夺客户这一手段，而是通过树立一个好的品牌，来赢取市场。

也就是说，农村经纪人只要通过提高信誉和提高服务质量等方式，在客户中形成良好的口碑，建立起经纪品牌，这样就会建立起永久性的竞争优势。这是因为，降价是所有竞争对手都会使用的手段，而一旦农村经纪人通过自己良好的服务建立起信誉度和知名度，这种优势就不是竞争对手能够模仿的了。

四、规避风险

对于农村经纪人来说，一般会面临很多风险，这主要表现在下面几个方面上。对于农村经纪人而言，就要依靠法律，依靠政府，依靠农村经纪人组织等多种手段来规避风险。

(1)客户背信弃义，会使农村经纪人面临经营的风险。

(2)由于农村经纪人缺乏对市场的预测，导致产品挤压、变质，从而形成库存风险等。

(3)由于农村经纪人单打独斗，而面临的市场竞争剧烈的风险。

(4)由于农村经纪人自有资金比较少，面临发展缺乏后劲的风险。

(5)由于突发事件导致市场疲软、经营不振，使得经纪人甚至面临倒闭的风险。如禽流感等疫情，导致酒店、餐馆、自由市场等地都很少有人购买禽类，这对于禽类经纪人来说，是一个打击。

(6)由于农村经纪人法律意识不强，没有履行合同而造成的法律风险。

五、控制成本

建立成本控制概念,是提高经济效益的一个重要方面,否则收益就是再高,也会被增加的成本所抵消。

农村经纪人在生产领域与流通领域中,其构成成本是不同的。对于自己从事生产的农村经纪人来说,成本包括购买种子或种畜的费用,生产中购买农药、化肥等成本,生产中人工成本以及农业税和其他支出等。在流通领域中,成本一般包括买价,收购产品时发生的人工费、搬运费等各项收购成本,商品的库存和运输成本,寻找市场所需的差旅费,联系业务的电话费等各项杂费,以及农村经纪人自己的人工成本,应该交纳的各项税费。

农村经纪人控制成本,并不是说要不加区分的控制,而是要求农村经纪人在头脑中要有一个明确的成本控制概念,要把成本的各项构成进行仔细划分与分析,分出哪些成本是不可控的,哪些成本是必须要严格控制的,这样才可以寻找出控制成本的相应对策,做到增收节支。如,在各项成本中,用于储存和运输等费用是必须的,那么如何压低物流成本,就成为农村经纪人必须考虑的问题。

第五单元 农村经纪人的谈判技巧和公关准则

第15课 谈判前的准备

农村经纪人谈判的准备工作分为两方面:一是谈判前的信息搜集;二是谈判的具体准备内容。

一、谈判前的信息搜集

谈判前要做好信息搜集工作,对于谈判对手的基本情况要了解,搜集客户和竞争者两方面的信息。要做好谈判对象的摸底工作,了解谈判者的所有权性质、背景、隶属关系、经营实力、身份地位、经营能力、业务范围、资金实力、心理素质、经验、性格、兴趣爱好、谈判风格等;还要了解客户的心理、需求、期望,然后做好预算,并了解客户对你所销售产品的了解程度。

谈判不仅包括你和客户两方,还存在第三方,即竞争者。因此,经纪人在谈判的准备阶段,还要打探清楚竞争者的信息,比如他们的产品的产量、质量、价格的弹性、交货期、服务、维护等,还要掌握他们的竞争策略和顾客关系等。

(一)信息搜集的重点及方法

做好重点信息的搜集,是农村经纪人在谈判前的第一项准备工作,只有对对方的信息做到了如指掌,才能在与竞争者的情报战中得到先机,才能在谈判中为自己添加筹码。农村经纪人除了了解谈判前的搜集重点,还应掌握搜集方法,两者是相得益彰的。

1.农村经纪人谈判前的信息搜集方法

(1)分析彼此双方的依存关系。

(2)分析双方的运营现状、市场地位、营销优势。

(3)征询与竞争者有过往来经验的人。

(4)搜集以前的谈判记录。

(5)搜集以前的交易记录。

(6)整理竞争者谈判前曾经表示的意见。

(7)搜集竞争者的工作作风。

(8)分析竞争者的时间压力。

2.农村经纪人谈判前的信息搜集重点

(1)谈判对手的基本情况，了解对方的经济实力和谈判目标。经纪人可通过电话、会议等各种渠道来了解，甚至可以采取直接询问对方的方法。

(2)对手的从商经验、谈判风格、专业才能。根据人的习惯性预测人的行为，使用谈判者喜爱的语言。

(3)探知对方的主要意愿。

(4)进行双方谈判筹码分析，做好双方的优、劣势的交叉分析，寻找谈判成功的机会点。

(5)对谈判时机态势进行分析。

(6)预测对方谈判的底线。

(7)搜集第三方竞争者的竞争条件。

(二)拟定谈判策略

拟定谈判策略是谈判前的第二项准备工作。如何搜集情报，是谈判前的第二项准备工作的重点所在。农村经纪人谈判前，需要进行几项对策准备。

(1)选择或谈判代表。

(2)确定谈判主题。

(3)在内部形成谈判共识。

(4)主动引导议题。

(5)确定谈判初期布局。

(6)确定底线及弹性目标。

(7)确定展开谈判的策略。

(8)进行模拟推演。

二、具体要准备的内容

农村经纪人谈判的具体准备内容包括事态、人员、物件、场地的准备。不同的经纪业务在谈判时的内容,有着一定的区别,每一项准备内容也相应的有着一定的具体要求,但是对于农村经纪人的一般谈判要求,基本上还是一致的。

(一)人员的准备

农村经纪人在谈判前的准备有以下几个方面。

(1)经验。熟悉谈判技巧和谈判技术,经验丰富,待人诚实、厚道。能够增强说服力,为谈判获得成功奠定基础。

(2)形象。议题专家的性别、年龄、职位、经验、专长。年轻人体力充沛、反应敏捷;年长者受人尊敬,社会地位高;男性果断有力;女性以柔克刚;二者搭配则刚柔并济,各种形象的人才均需储备。

(3)意志。坚忍,有坚定不移的信念和成功的信心。

(4)个性。能克制对方。

(5)灵敏。反应机智,能察言观色,会灵活应对。

(6)才智。言之有物,擅长思考,见解独特。

(7)外交。彬彬有礼,八面玲珑。

(8)口才。语言丰富,用词精准,具有说服力。

(二)场地的选择

农村经纪人谈判场地的选择有以下几个方面。

1.场所的选择

(1)茶楼等舒适轻松的场所。谈判环境优美,可消除压抑感,让人感到轻松,双方比较容易创造友好的和谐氛围,从而达到目的。

(2)会议室或办公室。在对方办公室,有利于摸底,表现对对方的充分尊重;自己方面的办公室,有利于造势,增强压迫感,方便处置临时突发事情。

2.谈判座位的选择

(1)座位的选择要有利于发挥所长,放松心情;即使对位置不满意,也要设法反客为主,在谈判中争取取胜。

(2)座位居高,面对入口,桌面宽边,背光,豪华还是简陋,大空间还是小空间都能增强谈判者的气度。

(三)事态发展态势预测

农村经纪人谈判事态发展态势预测主要表现在下面几点上。

(1)双方争执不下的问题点,有可能发生在观点、立场、利益、运作等方面。

(2)冲突产生的可能原因。理性还是非理性;主观还是客观;其他因素。

(3)双方有何差异点。见解差异、立场差异、利益冲突、追求差异等。

(4)双方有何共同点。共同见解、共同立场、共同利益、共同追求。

(5)提出各种对策。设计各种应急方案。

(6)预测未来的可能性发展。关于有利和不利的发展。

(四)时间的选择

谈判还要做好时间的选择,主要包括谈判时机和谈判周期的选择。在选择谈判周期时,要达到以时间战术耗尽对方资源的目的。比如漫长的谈判比赛双方的耐性;同时要选择有利己方的谈判时机。选择一个好的谈判时机,能够让对方提出有利于己方的条件,可以使己方占尽先机,取得成功。

在业务紧急情况下,也可以紧急安排谈判时间,以达到及时沟通,协商解决的目的。在交易没有特别时间限定情况下,要尽量避免在法定假日、吃饭时间前后、周一、周五、周六、周日安排经纪谈判;当然也可以事先征求对方意见,利用休息和度假时间安排谈判,这样比较轻松愉快。

(五)物件的准备

在谈判中,经纪人要想赢得对方的信任,还要做好物件的准备,也就是准备好经纪证据。证据包括往来文件、新闻剪报、市场调查报告、试验报告、意向性经纪协议、新闻样本调查单、经纪委托书草案,另外还要准备好议事要点、谈判的日程安排、经营资质证书等。一定要将这些证据付诸文本,让对方一目了然,这样便于沟通和理解。

(六)成本分析

农村经纪人谈判者还必须懂得成本分析这个概念,首先要进行间接成本和直接成本的分析,要提前和你的上级做好沟通,了解企业与客户的关系和企业当前的策略,例如做好成本底线的分析。接下来进行的是长期成本负担和短期成本负担的分析,还要进行长期效益和短期效益的分析,以及机会成本和时间成本的分析,以最小的投入达到效益最大化。

总之,农村经纪人谈判应对的沉稳度、谈判出招的杀伤力、交锋回招的作用力全部依赖细致周全的准备。

第16课 谈判应对技巧

成功的经纪谈判就是采用适当的谈判技巧,做好说服工作,当双方的主要利益都得到满足时,交易就会达成。因此掌握经纪谈判技巧对于农村经纪人十分重要。

一、听的技巧

1. 专心致志地倾听

在经纪谈判中,善于倾听是农村经纪谈判中应该注意的重要环节,要求谈判人员专心倾听对方讲话,除要聚精会神外,还要有积极的态度。精力集中地听,是倾听艺术的最基本、最重要的问题。当对方的发言有时己方不太理解、甚至令人难以接受时,谈判人员也要耐心地倾听对方讲话。

在倾听时注视讲话者,要主动与讲话者进行目光接触,并作出相应的表情,以鼓励讲话者。

2. 客观全面地倾听

经纪谈判中不可先入为主地倾听,往往会扭曲说话者的本意,忽视或拒绝与自己心愿不符的意见。必须克服先入为主的倾听做法,要客观全面地倾听对方的发言,将讲话者的意思听全、听透。

3. 要有鉴别地倾听

在专心倾听的基础上,为了达到良好的倾听效果,农村经纪人可以采取有鉴别的方法来倾听对手发言。听话者需要在用心倾听的基础上,鉴别传递过来的信息的真伪,判断其真实意图和目的,这样才能抓住重点,收到良好的听的效果和有用的信息。

4. 通过记笔记倾听

通常人们即席记忆并保持的能力是有限的,为了弥补这一不足,在谈判中,应该在听讲时做笔记。记笔记是农村经纪人经纪谈判中不可缺少的内容之一,也是比较容易做到的用以清除倾听障碍的好方法。

记笔记可以帮助自己回忆和记忆,有助于就某些问题向对方提出质询,还可以帮助自己作充分的分析,理解对方讲话的确切含义与精神实质。

通过记笔记,给讲话者的印象是重视其讲话的内容,当停笔抬头望望讲话者时,又会对其产生一种鼓励的作用。对于信息量较大且较为重要的谈判,一定要做记录,因为谈判过程中,人的思维在高速运转,大脑接受和处理大量的信息,加上谈判现场的气氛又很紧张,所以仅靠记忆是办不到的。

二、看的技巧

通过眼睛、眉毛、嘴的动作、神情、状态变化,可以了解到谈判对手的内心世界,为经纪谈判增加必胜的筹码。

1. 眉毛所传达的信息

通常情况下,眉毛和眼睛的配合,往往是表达一个共同含义,但是仅就眉毛而言,也能反映出人的情绪变化。

眉角下拉或倒竖,表示人们处于愤怒或气恼状态。

眉毛上耸,表示处于惊喜或惊恐状态。

眉毛迅速地上下运动,表示亲切、同意或愉快。

眉毛向上挑起,表示询问或疑问。

紧皱眉头,则表示不愉快、困窘、不赞同。

2. 眼睛所传达的信息

眼睛具有反映人们深层心理的能力,其神情、动作、状态是最明确的情感表现,眼睛是"心灵的窗子"。眼睛所传达的信息主要有以下内容。

眼睛眨眼频率较高,有不同的含义。正常情况下,一般人每分钟眨眼 5～8 次,每次眨眼一般不超过 1 秒钟。

从眨眼时间来看,如果超过 1 秒钟的时间,一方面表示厌烦,不感兴趣;另一方面也表示自己比对方优越,因而藐视对方而不屑一顾。

如果每分钟眨眼次数超过 5～8 次,一方面表示神情活跃,对某事物感兴趣;另一方面也表示个性怯懦或羞涩,因而不敢正眼直视对方。

根据目光凝视讲话者时间的长短,来判断听者的心理感受。

通常,与人交谈时,视线接触对方脸部的时间应占全部谈话时间的30%～60%,超过这一平均值者,可认为对谈话者本人比对谈话内容更感兴趣。

眼睛闪烁不定,是一种反常的举动。有的人在谈判中出现眼睛闪烁不定的情况,常被认为是掩饰的一种手段,亦可是性格上不诚实的表现。人们有一个共同的特点,那就是做事虚伪或者当场撒谎的人,常常眼睛闪烁不定。

根本不看对方,而只听对方讲话,是试图掩饰什么的表现。谈判时,如果对方不敢正视你的眼睛,那么就表明该人在某些方面可能有情况,否则可能没什么问题。

瞪大眼睛看着对方讲话的人,表示他对对方有很大的兴趣。

眼睛瞳孔放大,炯炯有神而生辉,表示此人处于欢喜与兴奋状态;瞳孔缩小,神情呆滞,目光无神,愁眉紧锁,则表示此人处于消极、戒备或愤怒的状态。试验证明,瞳孔所传达信息是无法用人的意志来控制的。因此,如果谈判桌上有人戴着有色眼镜,就应加以提防了。

3. 嘴的动作所传达的信息

人的嘴部动作,也可以反映人的心理状态。

撅起的嘴,是不满意和准备攻击对方的表现。

紧紧地抿住嘴,表现意志坚定。

咬住嘴唇的嘴,往往表现为遭受痛苦的折磨。

嘴角向下拉的嘴,表示不满和固执。

嘴角上翘的嘴,表示满意。

三、发问的技巧

经纪谈判中为了获得良好的提问效果,农村经纪人需要掌握以下发问技巧,以提高谈判效果。

1. 预先准备好问题

在经纪谈判中,农村经纪人最好是预先有所思考,准备一些对方不能够迅速想出适当答案的问题,以期收到意想不到的效果。同时预先有所准备也可预防对方反问。

有经验的谈判人员,往往是先提出一些容易回答的问题,而这个问题恰恰是随后所要提出的比较重要的问题的前奏。这时,如果对方思想比较松懈,突然面对己方所提出的较为重要的问题,往往使对方措手不及,收到出其不意之效。因为,对方很可能在回答无关紧要的问题时即已暴露其思想。

2. 追问要适当

谈判中,如果对方的答案不够清晰完善,甚至回避不答,这时不要强迫追问,而是要有耐心和毅力等待时机到来时,再继续追问,这样做以示对对方的尊重,否则会引起对方的反感。

3. 不要急于提问题

谈判中在对方发言时,如果脑中闪现出疑问,千万不要中止倾听对方的谈话而急于提出问题,这样不但影响倾听下文,而且会暴露己方的意图,对方可能会马上调整其后边的讲话内容,从而丢掉本应获取的信息。经纪人可先把问题记录下来,耐心等待对方讲完后,有合适的时机再提出问题。

4. 不接连提问题

在经纪谈判中,不要接连不断问问题,要给予对方回答问题的时间。谈判需要双方心平气和地提出和回答问题,重复连续地发问往往导致对方的厌倦、乏味,有时做马马虎虎的回答,甚至会出现答非所问的情况。

5. 把握时机提问题

在谈判中,要避免提出那些可能会阻碍对方让步的问题,这些问题往往会给谈判的结局带来麻烦。有时谈判的主要事项、重大问题还没有达成共识,就一些枝节问题纠缠不清,很容易破坏谈判氛围;提问时,要考虑自己和对方的退路,要把握好时机和火候,让对方有好的心情和你合作。

6. 紧扣主题提问题

经纪谈判中,一定要紧扣主题提问题,还要注意提出的问题应简短,有气势和感染力。谈判中,提出的问题越短越好,而由问句引出的回答,则是越长越好。

7. 迂回式提问题

当谈判事宜进行到一定时候,双方都会疲劳,直接提出某一问题对方或是不感兴趣,或是态度谨慎而不愿回答时,可以采取迂回的形式,并且用十分诚恳的态度问对方,以此激发对方回答问题的兴趣。

8. 保持压力提问题

谈判中提出问题后,应闭口不言,专心致志地等待对方作出回答。这种发问技巧,有利于在谈判中争取主动。如果这时对方也沉默不语,则给对方施加了压力。由于问题由己方提出,对方就必须以回答问题的方式打破沉默。

9. 验证诚实提问题

在谈判过程的适当时候,农村经纪人可以将一个已经发生,并且已知道答案的问题提出来,验证一下对方的诚实程度和处理事物的态度。同时,这样做也可给对方一个暗示,即告诉对方底细我们是清楚的。这样做可以帮助进行下一步的合作决策。

四、回答问题的技巧

在经纪谈判中,回答问题采取容易接受的方法,应当巧立新意,强化回答效果。谈判回答的技巧应该是:基于谈判效果的需要,准确把握该说什么和不该说什么,以及应该怎样说。

1. 不要急于抢着回答

经纪谈判中所提出的问题,不同于同事之间的生活问话,必须经过慎重考虑才能回答。在谈判中,绝不是回答问题的速度越快越好。谈判经验告诉我们,在对方提出问题之后,在回答问题之前,要给自己留下思考的时间,可以通过喝一口茶,或调整一下坐姿,或整理一下文件等动作来延缓时间,考虑一下对方的问题。

2. 要有选择性的回答

经纪谈判中并非任何问题都要回答,有些问题并不值得回答。对于应该让对方了解,或者需要表明己方态度的问题要认真回答,而对于那些可能会有损己方形象、泄密或一些无聊的问题,谈判者可以不予理睬。当然,用外交活动中的"无可奉告"一语来拒绝回答,也是个好办法。

3. 把握提问动机回答

在谈判桌上,谈判者提出问题的目的是多样的,动机也是复杂的。如果没有深思熟虑,弄清对方的动机和目的,就按照常规作出回答,结果往往效果不佳。如果经过周密思考,准确判断对方的用意,其回答必然是会非常精彩的。

4. 不知道的不要回答

参与谈判的所有与会者都不是全能全知的人。谈判中尽管准备得充分,也经常会遇到陌生难解的问题,这时,谈判者切不可为了维护自己的面子强作答复。因为这样可能会带来很大的损害。经验证明,谈判者对不懂的问题,应坦率地告诉对方不能回答,或下次回答,或暂不回答,以避免造成不可挽回的损失。

5. 采用避重就轻回答

有时谈判对方提出的某个问题,己方可能很难直接正面回答,但又不能用拒绝回答的方式来逃避问题。这时,谈判高手往往采用避重就轻、顾左右而言他的办法来回答,即在回答这类问题时,故意避开问题的实质,而将话题引向歧路,借以破解对方的进攻。这是应付对方的一个好办法。

6. 应用答非所问回答

谈判中有些问题可以通过答非所问来给自己解围。从谈判技巧的角度来研究,答非所问是一种对不能不答的问题的一种行之有效的答复方法。

五、说的技巧

在经纪谈判中不可随意批评他人,更不要随意吹嘘自己营销的产品,要尽可能地做到实事求是,不要轻率承诺或者把话说死、说满、说绝,谈判中一定要为自己以后说话留有余地。说服他人的技巧主要包括以下几个方面。

1. 创造和谐的氛围

从经纪谈判一开始,就要创造一个说"是"的气氛,而不要形成一个"否"的气氛。不形成否定气氛,就是不要把对方置于不同意、不愿做的地位,然后再去劝说、批驳他。在说服他人时,要把对方看作是能够做或同意做的。比如"你一定会对这个问题感兴趣的"等。经纪谈判事实表明,从积极的、主动的角度去鼓励对方、启发对方,就会帮助对方提高自信心,并接受己方的意见。

2. 说的内容要准确无误

叙述观点,应准确无误,力戒含混不清,前后不一致,否则会给对方留下口实,为其寻找破绽打下基础。谈判过程中的观点,有时可以依据谈判局势的发展需要临时调整改变,但在叙述的方法上,要能够令人信服。这就需要谈判人员要以准确为原则。

3. 说应推敲用语

在经纪谈判中,想要说服对方,用语一定要推敲。事实上,说服他人时,用语的色彩不一样,说服的效果就会截然不同。在说服他人时要避免用"怨恨"、"愤怒"、"恼怒"、"生气"这类字眼,即使在表述自己的情绪时,像失意、担心、忧虑、害怕等也要在用词上注意推敲,这样才会收到良好的效果。

4. 说应生动具体

为了使对方获得最佳的倾听效果,叙述应注意生动具体。叙述要避免令人乏味的平铺直叙以及抽象的说教,要特别注意使用生动的语言,具体而形象地说明问题。也可以采用一些演讲的手法,声调抑扬顿挫,以此吸引对方的注意。

5. 说应换位思考

要说服对方,就要考虑到对方的观点或行为存在的客观理由,亦即要设身处地地为对方着想,进行换位思考,从而使对方对你产生一种"自己人"的感觉。这样,对方就会感到你是在为他着想,并信任你,说服的效果将会非常明显。

6. 说应客观真实

经纪谈判介绍基本事实,应客观真实。不要夸大和缩小实情,这样才能使对方相信并信任己方。如果对事实真相加以修饰的行为被对方发现,就会大大降低己方的信誉,从而使己方的谈判实力大为削弱。

7. 说要主次分明

经纪谈判中的说不同于日常生活中的闲叙,为了能让对方方便记忆和倾听,应在叙述时顺应听者的习惯,便于其接受;同时分清叙述的主次及层次,使对方心情愉快地倾听己方的叙说,达到理想的效果。

六、辩的技巧

谈判中的"辩"是农村经纪人应具备的基本功之一。掌握好辩的技巧,有些时候能转败为胜,力挽狂澜,取得好的谈判效果。

1. 思路要敏捷

经纪谈判中的辩论,往往是双方进行磋商时遇到难解的问题时才会发生,因此一个优秀辩手,应该是思维敏捷、头脑冷静、富有逻辑性、讲辩严密的人,只有具有这种素质的人,才能应付各种困难,摆脱困境。

2. 观点要明确

经纪谈判中"辩"的目的,就是论证己方观点,反驳对方观点。辩的观点要明确,立场要坚定。论辩的过程就是通过讲道理,摆事实,说明自己的观点和立场。在论辩时,要运用客观材料以及所有能够支持己方论点的证据,以增强自己的论辩效果,从而反驳对方的观点。

3. 态度要公正

文明的谈判准则要求是:不论辩论双方争论多么激烈,如何针锋相对,谈判双方都必须措辞准确,切忌用侮辱诽谤的语言进行人身攻击。如果某一方违背了这一准则,其结果只能是置本次谈判于破裂的边缘。

第17课　公关的行为准则

现代人际关系较为复杂,这就使得公关交际变得非常困难,如果稍有不慎,就可能会落个坏名声,甚至寸步难行。农村经纪人应该认识到人是有感情的,人们的言行主要受感情的支配。因此,经纪人从感情上影响他人要比从理性上影响他人容易得多。经纪人只有把委托人、客户当成朋友,才能与之建立起友好合作、平等互利、共同发展的良好关系。

一般来说,在公关交际中,经纪人遵循下面的原则就会同他人建立起良好的人际关系。

一、真诚原则

真诚的信条是公共关系活动需要奉行的。农村经纪人为自己塑造出一个诚实的形象,这样才能取信于人,赢得合作。每天经纪人都要和客户、委托人打交道,这些人如果发现经纪人不诚实,出于对自身利益的保护,他们就不会再同这位经纪人合作。因此,诚实是经纪人成功开展经纪活动最有效的策略。

经纪人的诚实主要表现在实事求是地介绍商品,忠实于委托人,不搞价格欺诈,不做虚假的承诺,按标准收取中介费等。其实,成功的经纪人总是把真诚的服务放在首要位置的。

南京农业研究所一位工作人员刘某,从事经纪工作已有五年。他认为,经纪人得有责任心,凡是买卖双方交代的业务,不管大小都应不遗余力,有没有结果都要给任何一方一个完整的答复。促成一笔商品交易不是轻而易举的事,一个合法的中介首先要了解买卖双方是否有原材料的经营权和合法经营这种商品的权力;然后要弄清商品物料本身来源的合法性。中介诚实,即货源及买主都要诚实,信誉是经纪人的座右铭。

对于从事中介服务的经纪人来说,真诚是非常重要的,只有真诚,才可以立于不败之地。即使暂时不顺利,但随着时间的推移,就一定会获得成功。

二、交友原则

如果经纪人从内心把委托人和相对方当作朋友,那么自然也会得到朋友般地对待。当你在经纪业中有很多朋友时,你必然拥有宽阔的道路,并且一路畅通。交友原则主要体现在下面五个方面。

1.互相了解

了解是认识的起点。相互了解就是人们彼此沟通各自的情况,这是人与人之间发展和结成人际关系的基础。经纪人应当营造交友的气氛,主动去了解他人,但不要去探问别人的隐私。

2.互相关心

在人际交往中,每一个人都很关注自己在别人心目中的形象,每一个人都希望别人谈到自己,并以此来推断别人对自己的关心程度。因此,在交往中记住对方的名字是非常重要的事情。有一些人和你只有一面之缘,如果你能在下次见面时准确地说出他的名字,就一定会让他感到意外,并觉得是对他的注重。正像美国学者代尔·卡内基所说的,记住别人的名字,而且能够轻易地叫出来,就是给予别人一个巧妙而有效的赞美。

3. 互相理解

理解是一种对他人更深刻、更深层地了解。理解的基础是相互沟通,而相互理解又促进了沟通。很多误解都是因为缺乏相互沟通导致的,由于双方互不了解,就会出现以己之心度他人之腹的情况,也容易对对方的言行作出错误的判断和理解。

4. 互相尊重

每一个人都有自尊的需要,在交往中希望能够得到别人的尊重。经纪人要创造良好的人际关系,就必须先要尊重别人。首先经纪人要做到平等待人,不要依地位高低待人,也不要以衣帽取人;其次要尊重别人的隐私;最后在待人接物上要讲礼貌,只有尊重别人的人才会赢得别人的尊重。

5. 互相信任

在人际交往中,既要适度自我保密,又要注意自我公开。因为只有向对方敞开心扉,才能让对方来了解自己,并且信任自己,成为自己的朋友。然而,生意场上,由于利益冲突,又不可轻信他人,否则容易泄露自己的商业秘密,导致不必要的麻烦。

三、信用原则

中国有句老话:"言必行,行必果。"这是中国人做人的信条,也是经纪人在中介业务工作中的信条。讲究信用是指能如实如期地履行约定的事情,这是每个经纪人应遵循的准则。只有讲究信用才能争取更多的客户,才能赢得人们的信任。

在开展业务活动中,经纪人遵循信用原则时应做到下面几点。

1. 信守诺言

合同中双方约定的事情,或是农村经纪人向对方的承诺,都必须要履行。如果遇到特殊情况难以履约,农村经纪人也应通知对方,说明事情的原因,争取对方的谅解。此外,农村经纪人还要恪守职业道德,为客户保守商业秘密。

2. 遵守时间

生意场上时间就是金钱,时间就是机会。在进行中介活动时,农村经纪人要经常与供需双方约定会谈的时间,经纪人如果不按时赴约,就会浪费对方的时间,使对方产生不良印象,甚至影响其合作的意愿。

3. 注重服务

经纪人不要以为交易双方达成协议就任务完成了,更不可以认为拿到佣金后就完全不管了。经纪人应为交易双方提供满意的服务,包括代办手续、信息反馈,以及解决一些交易后的问题。

4. 不贪厚利

农村经纪人开展中介活动是为了获取利益,但从长远考虑,经纪人应适当让利,从而取信于对方。因为,经纪人行业的竞争是非常激烈的,争取客户的重要手段就是让利。经纪人必须着眼于长远,通过合理的收费来吸引更多客户,从而争取到更为广范的合作伙伴。

四、长远原则

"冰冻三尺,非一日之寒"。经纪人要想获得良好声誉,树立良好交际形象,也不是一天就能办到的,必须经过长期而艰苦的努力。如果经纪人只考虑眼前利益,结果却是顾此失彼,得小利而失大利。

经纪人的活动必须站在更高的角度,以长远为方针。这比如,把在车站码头拉客人住旅馆的接待人员看成是经纪人活动的话，那么这些接待人员为了获得自己的利润，就不恰当地夸大自己旅馆的条件，把路远说成路近，把不能代办车船机票说成能代办，达到客人去自己旅馆或招待所住宿的目的，结果客人去了大失所望，有的干脆离去。相反，某招待所，虽然离车站比较远，条件也一般，但收费合理，服务热情，客人十分满意，致使有的客人还介绍同事与亲朋好友来。时间久了，这个招待所出了名，留住了老客人，又使新客人源源不断而来，生意也越来越兴旺。

五、互惠原则

互惠原则是经纪人进行公关交际应遵循的核心原则。互惠是中介服务存在的前提。经纪活动与公共关系一样，都是以一定的利益关系为基础的。也就是说，在活动中经纪人和一切社会组织一样，在共同发展过程中，必须得到公众和相关组织的支持。既要让公众得益，又要实现本组织的目标，这样才能长久合作。因此，经纪人必须奉行互惠原则。

农村经纪人既然从事经纪活动，就一定要获利。但是，在获得利益的同时，农村经纪人必须使供需双方都得到利益，也就是说要互惠互利，否则就会失去客户。我国曾在20世纪80年代出现了一些进行中介服务的"公司"或"中心"，极为不讲信用，坑害了供需双方，虽然一时得了一点利，但终究会因为缺乏信用而失去客户，致使最后关门。同时，这些人的行为，也给农村经纪人的脸上抹了黑，使经纪人等同于"奸商"，其后果是非常严重的。其实，在经纪活动中，经纪人完全可以做到使供需双方和自身都获得利益。

在经纪业务中，如果经纪人违背了互惠原则，只考虑个人利益，追求自身分外的利益，其结果必然会得不偿失。

从以上方面，我们可以看出，在进行经纪业务活动中，一个经纪人必须以长远利益为方针。只有有了长远的目标，才会在实际工作中作出持久不懈的努力，并从点滴做起，付出辛勤的劳动，才能取得供需双方的信任，才能逐步在公众中建立起良好的形象。否则，经纪人是难以取得公众的信任的，而经纪活动也是无法成功的。

第六单元　农村经纪人行纪的运作

农村经纪人行纪的种类很多,当前已经出现的经纪业务有:农村农产品购销、农业技术转化、农业劳动力转移、农村保险、农村文化和农业信息等经纪业务。

第18课　农村农产品经纪人业务运作

一、农村农产品经纪人及其类型

农村农产品经纪人,是指专门从事现货农产品交易而收取佣金的中间商人。农村农产品经纪人的主要业务活动是为买方寻求卖方,为卖方寻求买方,即通过农村农产品经纪人为现货农产品买卖双方牵线搭桥,促使供求双方完成交易的中介服务。

农村农产品经纪人,一般没有农产品的所有权,在市场经济处于初级阶段时,农村农产品经纪人同时集采和营销有农产品的情况很普遍。他们除了通过中介服务,收取佣金外,还可以通过农产品购销差价,获得利益。

农村农产品经纪人可分为消费资料农产品经纪人和生产资料农产品经纪人。

农村农产品经纪人按组织形式分,主要包括3种。

一是个体商贸农产品经纪人,这是传统的、目前大量存在的农村农产品经纪人组织形式。他们广泛搜集信息,奔波于交易双方,撮合成交后收取一定数额的佣金。个体农村农产品经纪人的特点是灵活,方便,但由于分散隐蔽,不便管理,容易发生欺诈行为。

二是受企业、公司的委托,按要求推销和招揽客户的农村农产品经纪人。这类农村农产品经纪人对委托方情况比较熟悉,对所中介的商品了解比较清楚,因而有利于其中介作用的发挥。

三是交易所的农村农产品经纪人。他们为顾客办理业务,收取一定的佣金,同时也向交易所缴纳一定的保证金。

二、农村农产品经纪人提高业务成功率的方法

农村农产品经纪人在经纪业务中,都希望提高成功率,从而取得良好的经济效益。但农村农产品经纪人的业务成功率往往不是很高,其原因是多方面的。除了经验之外,影响经纪业务成功率的主要因素有以下几个。

1.农村农产品经纪人对商机寻求和把握的程度

农村现货商品经纪人要善于从市场供求关系、商品品质价格差异以及市场行情的变化中发现商机,并且及时抓住商机,开展经纪活动。这就要求农村经纪人要熟悉市场,要正确判断市场的走势,有针对性地进行贸易中介,只有这样,才能提高经纪成功率,增加收入。

2.应熟悉业务

对一些至关重要的问题,如:商品的品种、性能、特点以及市场行情和客户供需双方的实际状况等,必须摸清摸准,这样才可能提高成功率。

3.提高信誉度和知名度

客户对农村农产品经纪人知名度的"迷信",就像人们购买商品时选择名牌一样,经纪人的信誉好,知名度高,客户心理的保险系数就相对的大,委托经纪的人就多。信誉度和知名度,是在长期经纪业务实践中自我形象塑造的结果。全心全意地为客户服务,把客户的需要放在第一位,长此以往,必将受到客户的信赖。农村农产品经纪人要提高自己的知名度,就要在现货交易经纪活动中,坚持依法中介,不徇私情,不搞不正之风,尽可能满足双方顾客的需要,才能逐步提高自己的信誉度和知名度。

三、农村农产品经纪人的经纪方式

在农村现货商品市场中，经纪人的经纪方式主要有以下两种类型。

1.代购代销

农村农产品现货经纪人受客户委托设点收购，然后转手批给客户，为外地客户提供信息、组织货源，协助客户与农民商谈价格，帮助维持秩序，从中收取服务费。

2.委托购销

本地农民生产的农副产品，可由本地农村农产品经纪人负责在目标市场设立销售点，然后与当地其他农村经纪人联手合作，由销售点负责提供市场行情和销售渠道，当地农村经纪人负责组织货源和运输。

第19课　农村技术经纪人业务运作

一、农村技术经纪人及其职能

1.农村技术经纪人的概念

农村技术经纪人，是技术商品交易的中间人。农村技术经纪人，既可以是技术经纪公司、技术经纪事务所等法人组织，也可以是自然人。

2.农村技术经纪人的职能

农村技术经纪人的职能，可归纳为以下几个方面。

（1）集散科技信息。收集技术信息是农村技术经纪人获得经纪机会的根本。在不断掌握技术供求信息的同时，及时了解技术市场的行情，做到心中有数，才能进行有效的撮合，促成双方顺利交易。

（2）推介技术供求信息。农村技术经纪人受卖方委托向有关地区、有关农户或企业发布技术信息,沟通技术贸易的渠道;向客户推销先进的科技成果和专利,介绍技术成果的性能、适用对象和条件以及经济效益等,使它们在市场上得以迅速出售。农村技术经纪人也可以受买方委托,向科技机构和科技人员发布技术需求信息,并针对技术需求项目举行招标,促成技术交易。

农村技术经纪人提供的咨询服务主要包括:法律咨询、市场咨询、技术信息咨询、技术贸易合同条款的起草、转让费用的估算,以及为技术进出口部门提供可行性报告等。

(3)评价和定价。农村技术经纪人要根据客户的要求对交易的技术项目进行客观的评价,主要评价技术的可靠性、实用性、先进性、效益性,以及技术的寿命周期等,为交易双方提供一个合理的参考价格。同时,技术转化经纪人还要充分考虑买方的技术经济条件,以市场主体身份组织专家对该技术实施的效能进行可行性论证和市场预测。

(4)技术交易谈判。农村技术经纪人除了提供咨询服务外,还要为交易双方进行谈判、签约等提供中介服务;引导交易双方见面交谈、为双方谈判疏导障碍、调解分歧、与买卖双方互相洽商、协调;确定双方认可的价格,促成技术产品顺利成交;协助双方签订严谨的合同;监督双方信守协约、实施合同;对买卖双方的经纪业务矛盾和执行技术合同过程中发生的合同纠纷等进行调解。

二、农村技术经纪人的经纪实务

1.经纪项目委托与决策

技术商品的经纪活动受到法律的严格规范,其中最主要的是《合同法》中有关技术合同的规定。因此,在客户向技术经纪人提出买卖委托的要求后,技术经纪人不能贸然地接受,必须注意以下3个方面的问题。

(1)分析技术成果的权属。技术成果有职务技术成果与非职务技术成果之分，前者的所有权属于国家科研单位、大专院校、集体研究机构等法人组织；后者的所有权属于个人。农村技术经纪人在技术成果转让的中介服务中，首先必须弄清所有权的归属。在实践中，经常出现非职务技术成果的科研人员侵权情况。比如有的技术成果是抄袭国外资料而成，有的是引用国内同行的成果，从而在非职务技术成果转让后，引起国际侵权纠纷或国内民事纠纷。在经纪活动中，农村技术经纪人要全面仔细地检查"科学技术成果鉴定书"；向非职务技术成果所有者的所在单位了解其成果的真实性；通过同行业各类经纪机构的信息网络，查找有无侵权行为；向专利局查询。

（2）辨别技术成果的合法性。在国家颁布的一些科学技术法规中，有些科技成果是不允许农村技术经纪人参与经纪的。例如：国家基础科学的研究及其成果转化，国家尖端保密科技研究成果及其转化，破坏植被、造成环境恶化、违反涉外政策的科技转让等。农村技术经纪人必须充分了解国家的有关政策、法规，保证自己的经纪活动建立在合法的基础上。

（3）了解技术成果的开发价值。农村技术经纪人应为双方着想，特别是要为技术需求方的农村、农民考虑。在接受委托前，最迟要在委托双方签订合同之前帮助购买者作出正确的抉择。

2.签订技术转化经纪委托书

技术转化经纪委托书，是指农村技术经纪人或技术经纪机构为技术商品买方购买技术商品或者为技术商品卖方推销技术商品时，接受技术买方或卖方委托，为明确当事人之间的责权利、义务所订立的证明文书。

在技术经纪委托书的订立和使用中，农村技术经纪人必须注意以下问题。

（1）掌握好订立协议的时机。在实际工作中，农村技术经纪人在接受委托时。一般是先以口头接受委托,待进行了介绍和联系工作后,并且确实有促进技术商品交易的较大把握时,再让委托人制作正式书面委托书。这样做的目的,主要是为稳妥起见。

(2)委托书订立后,农村技术经纪人有权辞去其委托。但应及时以书面形式通知对方。如果双方在委托书中另有约定,则按约定办理。

(3)农村技术经纪人在接受委托和辞去委托时,均应持严肃慎重的态度。以维护自己的信誉,否则,就有可能影响其技术转化经纪业务的开展。

3.确定技术商品价格

技术商品具有价值和价格不确定性的特征,这给技术商品的买卖增加一定的难度。正因为如此,在技术商品价格确定的过程中,农村技术经纪人的作用显得尤为重要。因此,农村技术经纪人不仅要懂得技术商品价格的确定方式和有关原则,而且还要掌握定价谈判的经纪技巧。

(1)技术商品的自由议价。技术商品价格的不确定性,决定了技术商品交易只能由技术买卖双方采取自由议价的方式来确定技术商品的价格,技术商品自由议价形式包括以下两大类。

①一次性议价。一次性议价是指供需双方对某项技术商品议定转让价格,一次转让,一次付款的方式。这种议价方式对卖方是有利的,因此转让价格一般要低一些,但有可能使买方承担较大的风险和责任。因为买方一次付清款项后,有可能出现卖方对技术商品售后服务不负责任。

②效益分成定价。效益分成的自由议价有多种形式。

第一,新增产值分成定价。新增产值分成定价是在技术产品转让时,约定技术商品使用后新增的产值按分成比例确定技术商品的价格。这样,新增的产值越多,技术商品的价格就越高。

第二,新增利润分成定价。新增利润分成定价是根据事先约定的新增利润的分成比例,按照技术商品的使用所带来的新增利润来确定技术商品价格的方式。由于技术买卖双方都关心利润,处于利益共享、风险共担的位置,因此,新增利润分成法,是一种正常情况下比较合理的自由议价方式。但其主要问题在于利润计算比较复杂。

第三,销售额分成定价。销售额分成定价是根据相关产品的销售额和事先约定的分成比例来确定技术商品的价格。这种方式可使技术商品的卖方关心买方技术应用效果,同时又可以避免利润分成方式中财务成本核算不确切的缺点。另外,从可能发生的纠纷及其解决来看,采用销售额分成方式比较便于裁决。

在买卖双方议定价格时,农村技术经纪人不仅要为委托人选择科学的价格确定方式,而且必须注意效益分成议价中的分成年限问题。

(2)经纪谈判的定价技巧。在价格谈判中,买卖双方在主观上都希望技术商品定价有利于自己,同时也都有自己所能接受的价格范围。一般来说,买卖双方在确定价格的上下限时都有自己的定价依据。卖方确定价格上限的根据是:买方应用这一技术后所获得的经济效益;也有的通过比较其他卖方同类价格;或是获得可替代技术产品的最低价格,以上两项中的最低值,多是卖方所追求的价格上限。卖方价格下限是这项技术的研制成本和一部分技术转让税收。买方确定价格上限的根据是研究开发这项技术所需要的投资总额,买方可以买到替代技术产品的最低价以及应用这一技术后节本增效的数额。买方确定的价格下限,则是卖方研发这项技术的成本。以上定价,农村技术经纪人都可以在广泛收集有关资料的基础上,进行估算,以便使其委托人在定价谈判时找到比较正确的定价区域,促成交易。

在定价谈判时,为了使谈判双方尽快寻找到共同点,农村技术经纪人及其委托人必须注意了解对方开价的出发点和定价的标准,了解对方进行价格估算的依据和方法,分析造成双方定价标准差异的原因,并寻找双方可能让步的幅度和办法。

4.订立技术合同

订立技术合同是科技成果转让的重要环节。技术转化经纪人在这一环节上的经纪工作是:与客户订立技术中介合同,代理客户订立技术合同,督促合同有关当事人履行技术合同约定的义务。

5.订立技术中介合同

通过协商,在技术交易的双方订立技术合同的同时,农村技术经纪人还应与委托人订立中介合同,也可以在交易双方订立的技术转让合同中约定相关的中介条款。由委托方与农村技术经纪人订立的技术中介合同,在委托方和经纪人签名、盖章后成立;约定中介条款的合同由委托方、第三方和经纪人签名、盖章后成立。

技术中介合同是当事人以自己的技术产品为经纪人与第三方订立技术合同进行联系、介绍、组织开发并对执行合同提供服务所订立的合同。

技术中介合同一般是在订立技术转让合同的同时,由委托方与经纪人订立的。技术中介合同是以技术转让合同的成立为前提的,持续时间比较长,并随着技术合同的终止而终止。

在订立技术中介合同及开展技术中介服务的过程中,农村技术经纪人都必须遵守技术合同法规及有关实施条例,尤其要注意以下问题。

(1)技术中介具备相应的资格或资质。由于技术中介合同是技术市场流通领域的重要环节,为保证技术市场流通(交易)的有序、规范运行,中介方必须是具备相应条件并经国家科委或地方科委批准或许可的组织或个人。根据《技术合同认定登记管理办法》,技术中介合同的中介方必须是两类组织。第一,由国家科委或者省、自治区、直辖市及计划单列市科委批准成立的专业性技术中介机构和技术经纪机构;第二,按国家科委或者省、自治区、直辖市及计划单列市科委的规定准予从事技术中介服务的企事业单位、社会团体或其他组织以及技术转化经纪人。

(2)执行全程服务。农村技术转化经纪机构和技术转化经纪人必须对其中介成交的技术合同提供全程服务,而不是坐收"管理费"。

(3)持自愿平等原则。技术中介合同必须符合当事人自愿平等和协商一致的原则。由委托方与中介方协商订立,而不得强迫当事人接受所谓的"技术合同"。

(4)公平公正,不谋私利。农村技术经纪机构和技术经纪人不能以个人的名义与委托方订立除技术中介合同以外的技术合同,不得通过转让合同约定的权利和义务非法牟利。

(5)遵纪守法。技术经纪机构和农村技术经纪人不能改变自己的第三方身份的性质,不能以自己的名义转让不属于自己的技术成果。一些技术经纪机构和农村技术经纪人以自己的名义转让公民个人的技术成果,结果在发生经济纠纷时,承担了对方赔偿经济损失的责任,给自己造成不应有的经济损失。因此,农村技术经纪机构和技术经纪人一定要摆正自己在技术合同中所处的位置,避免承担自己不应该承担的民事责任。

第20课　农村劳务经纪人业务运作

一、农村劳务经纪人及其作用

1.农村劳务经纪人的作用

农村劳务经纪人是为劳动力供求双方提供居间或者代理服务,充当农村劳动力供求双方的中介,并收取服务费的农村公民、法人和其他组织机构。农村劳务经纪人有以下重要作用。

(1)开发利用劳动力资源。目前,我国农村剩余劳动力就业问题十分突出,农村劳务经纪人通过牵线搭桥,把农村剩余劳动力转移到需要的地方,既充分发挥农村劳动力的作用,又解决了市场劳动力供求矛盾。

(2)拓展劳动力就业渠道,加速农村劳动力转移。农村劳务经纪人凭借自己的灵通信息和广泛的联系渠道,组织农民到工矿、工地、城镇甚至到国外从事生产和服务性劳动,因而可以加速农村劳动力转移。

(3)促进农村经济结构调整。只有加速农村劳动人口非农化,大力促进非农产业的发展,才能从根本上解决农民增收问题。但农村人口非农化的关键是农村劳动力的转移就业。农村劳务经纪人可促进劳动力转移,合理整合、配置农村劳动力资源,促进农村经济结构调整。

(4)促进农民收入稳定增长。农业劳动力转移对我国农民收入增长的影响主要表现在两个方面:一是转移劳动力获得的较高收入,提高了农村劳动力的平均收入水平,直接推动了农民收入的增长;二是农业劳动力的转移,提高了农业劳动生产率,间接地推动了农民收入的增长。农村劳务经纪人可促进农业劳动力转移,也就促进了农民收入的稳定增长。

二、农村劳务经纪人的类型

农村劳务经纪人按不同的需要可分为不同的类型。如按经纪活动的空间变化和经纪手段分,有以下几种主要类型。

(1)定点型农村劳务经纪人。指经纪人有固定的经纪活动的地点,劳动力供求双方均可以到固定的地点提出自己的要求,委托经纪人办理。

(2)流动型农村劳务经纪人。指经纪人穿梭于城乡劳动力提供者和需求者之间,专门从事劳动力中介活动的人。

(3)劳动力信息经纪人。指通过网络、媒体以及其他手段,寻求劳动力的供求客户,为客户提供劳动力市场信息,获取信息服务费。

三、农村劳务经纪人的主要职责

1.宣传相关政策和法规

农村劳务经纪人要向求职的劳动者宣传国家劳动就业的法律、法规和相关政策,引导供需双方依法办事。

2.提供咨询服务

农村劳务经纪人应向求职的劳动者和用人单位提供本地区有关劳动力择业、就业、应聘、聘用、管理等咨询服务,协调劳动力供求双方的供求关系,提高职业介绍工作的效率,促进劳动力的合理转移、合理整合。

3.做好就业指导和招聘引导

农村劳务经纪人要指导农村求职者了解社会的职业分类和本地区的职业现状,掌握具体的求职方法,确定择业的方向;并根据本地区职业分布状况和求职者的特点,向他们提出培训建议,负责向有关就业训练机构推荐。帮助求职者正确签订劳动合同,依法确定劳动关系,维护自身的合法权益。帮助其正确评价主客观条件,以便选择既适合又满意的职业。

农村劳务经纪人还应当向用人单位介绍了解、掌握和选择招聘方法,正确确定用人条件和标准。

4. 协调服务

农村劳务经纪人还要负责劳动力转移管理、失业管理和就业训练等方面的工作联系,督促用人单位及时办理录用登记备案、办理社会保险,并对就业训练机构的培训方向、训练规模及专业设置等提供建议进行协调。

四、农村劳务经纪人的服务范围

(1)信息服务。包括劳动力供需及其变化趋势等信息的收集和发布。

(2)咨询服务。包括择业、就业、聘用、管理、社会保障等相关政策、法规的咨询。

(3)指导服务。包括劳动者职业能力的测评,职业分析与评价,求职方法,就业设计及用人单位聘用、使用人才观念和方法指导等。

(4)介绍服务。包括求职者和招聘人面谈,介绍就业和推荐用人,举办招聘洽谈会,引导劳动者流动就业等。

(5)其他服务。农村劳务经纪人还要尽义务帮助求职者和用人单位开展包括就业登记、单位用人备案、职业介绍服务中的争议处理。

五、农村劳务经纪人的中介操作程序

农村劳务经纪人在经纪活动中,主要有以下一些程序。

1. 收集信息

收集信息对农村劳务经纪人来说十分重要。收集信息的重点是获取劳动力供求信息,它直接关系到经纪人的经纪机会与经纪效率。获取信息的途径有：媒体宣传、广告、信息网络以及经纪人与社会建立的联系。

掌握劳动力供求，主要从两个方面进行调查：一是要了解劳动力资源的数量、质量、构成和时空分布；二是通过各种途径了解用工单位对劳动力的需求情况，掌握用工单位的性质、需要招聘的人数、工种要求、工资待遇等，建立劳动力供求报表，如有条件，可以建立劳动力供求的数据库，以便查寻和分析。

2.核实信息

为了保证获得的劳动力供求信息的真实、准确，经纪人应认真核实获得的信息。一是审核求职者的信息。主要核实求职者的身份证、学历证、健康证等证件是否齐全，查验求职者提供的性别、年龄、身高、体重、健康状况、劳动能力、择业愿望、文化程度、工资要求等的真实性和合法性。二是审核用人单位提供的信息。主要核实用人单位提供的用工申请、招工简章，用人单位有关的资信资料中的单位性质、地址、招聘人数、招用条件、用工形式、工作期限、录用办法、劳动报酬和福利待遇等情况，查验用人单位的真实性和用工的合法性。

3.供需见面

农村劳务经纪人根据自己掌握的劳动力供需的详细信息，进行牵线搭桥，在供求双方认为需要时，组织召开供需双方洽谈会或面试，为用工单位和求职者提供见面机会，这是用工单位和求职者进一步拉近距离的重要环节。

4.职业指导

职业指导是指向求职者和用人单位提供就业政策和就业信息等方面的咨询与服务，为求职的农民合理选择职业、提高职业适应性提供咨询服务，为劳动者和求职者搭建双向选择的桥梁，促使劳动力供求双方实现双向选择。

职业指导分为求职指导和用人指导。对求职者职业指导的操作程序大体是：采取个人面谈、集体座谈、大会报告、集中授课、通讯联系等方式开展职业指导工作。向供求双方分析和提供社会用工发展和劳动力市场供求变化趋势；对求职者进行素质和劳动技能的测试、评价；帮助求职者了解社会职业结构变化情况，掌握求职的方法，确定择业的方向，增强择业的能力；向求职者提出培训建议，并帮助向就业培训机构推荐等。

对用人单位的用人指导程序是：根据用人单位提供的基本情况和用人要求，以及劳动力市场供求状况等信息，对用人单位的要求进行分析，帮助用人单位调整相关政策和管理方式，提出培训单位内部工作人员的建议，并向用人单位适时提供相关信息和服务，促进树立正确的用人观念，规范用人行为。

5.签订合同

求职者和招聘者经过面谈、洽商，达成共识后，劳务经纪人就要抓住时机，帮助签订劳动合同，明确工种、用工期限、劳动报酬、福利待遇等。在双方发生劳动争议时，要协助劳动力市场主管部门进行调查调解，合理解决矛盾，切实维护当事人的合法权益。

6.收取佣金

根据有关规定，农村劳务经纪人指导求职者和用人单位建立劳动关系，订立劳动合同，就完成了中介工作，依法收取合理的佣金。

第21课　农村文化经纪人业务运作

农村文化经纪人所包括的范围是很广泛的，凡是从事与农村文化相关的经纪活动的人员或机构，都是农村文化经纪人。在当前农村，文化经纪人涉及的范围很广，在文艺演出、电影放映、图书报刊发行、文化娱乐设施管理、文物保护和交易等活动中，都有农村文化经纪人的参与。

由于文化的广泛性,使不同的农村文化经纪人有着不同的操作规程,但是他们都必须遵守经纪人的基本原则,遵循一个普遍的工作思路。

1.项目的确定

文化经纪人所选择的文化项目一般来自于自己开发、民间邀请和政府委派三大类。文化经纪人根据市场经济原则,在为社会提供文化产品的同时,实现自身利益的最大化。从盈利情况看,自我开发的和民间邀请的项目,大多利润比较丰厚,政府部门的委托项目,大都盈利较低。但是文化经纪人往往从长远的目光出发,不会因为利益较少而放弃,经纪人可以通过委托任务的完成,提高经纪人的知名度,为将来的经纪活动奠定良好的基础。

2.计划的安排

当文化中介项目一经确定下来,文化经纪人必须拟定一个详尽的计划,包括项目执行过程的各个方面,主要包括以下几方面。

(1)环境选择。经纪人在选择环境时,既要考虑项目推广的效果,又要考虑项目推出所要增加的投资。

(2)成本控制。农村文化经纪人在确定项目种类和数量时,必须对成本开支进行评估,精心安排项目的顺序。经纪人必须仔细筹划,认真分析,尽量做到项目安排周全。

(3)计划的监督。在项目计划的执行过程中,农村文化经纪人必须加强事前和现场的监督,严格把关。要注重设计的别出心裁和独具匠心,完工时间符合计划的规定。除督促相关各方各司其职外,还有必要事事过问,及时检查。

(4)广告和宣传。农村文化经纪人的成功在很大程度上取决于其广告和宣传的效果,切不可忽略广告宣传工作。要充分利用各类大众宣传媒介,吸引社会公众的注意力,给他们留下深刻的印象,以争取更多的客户。

但农村文化经纪人必须注意广告宣传的适度问题。过度的宣传不仅增加开支,而且会引起人家的逆反心理,损害委托人的形象。真正具有轰动效应的文化传播,其适度的广告宣传反而更有刺激力,并且可以节省一部分成本。

3.经费的筹集

文化项目经费主要来源于赞助费、广告和票房收入三个方面。一般来说,经纪人和企事业单位之间往往保持着密切的横向联系,常常有机会相互提供帮助,企事业单位愿意提供这种赞助的可能性普遍存在。如果能提高企事业的知名度,起到更好的广告效应,企事业单位都比较乐意支付这类费用。

4.费用的支出

以文艺演出项目为例,其费用支出主要包括场所设备的租金、工作人员的工资、广告费用的支出、交际费、舞台背景的设计和施工费用等。经纪人必须尽量降低成本,提高演出效益。在演出效益许可的情况下,经纪人应注意适当增加相关人员的收入,其数量以略高于社会平均水平为宜,以调动工作人员的积极性,使大家感受与自己合作的愉快,所以经纪人一定要把握好其中的尺度。

5.合同的签订

以文艺项目为例,为保证演出各个环节的良好衔接,文化经纪人必须和有关方面签订合同。包括经纪人与所有演出有关人员签订合同。其内容包括甲乙双方所必须承担的责任,履约的时间、地点、条件和方式,以及预付定金和违约罚款等条款。

6.建立良好的发展

农村文化经纪人的客户关系有两方面:一方面是开拓潜在客户,另一方面是现实客户。经纪人均应与他们之间建立起良好的配合关系,让客户与你的关系持久、稳定,以求达到长期发展。

开拓和发展新客户是文化经纪人成功的关键。新客户的不断出现,对于经纪人至关重要。通过与各类新客户建立良好关系,有利于迅速提高经纪人的知名度。

与现实客户建立更好的关系,是为了巩固已有客户,使已有客户尽可能地与你保待长久的交易关系。要巩固和维持已有客户,关键在于文化经纪人真正帮助客户解决困难。

第七单元 农村经纪人与合同

第22课 经纪合同的要点

一、经纪合同的概念

合同是平等主体的法人、自然人、其他组织之间设立、变更、终止民事权利义务关系的协议。

经纪合同是合同中的一种。经纪合同是指经纪人为促成委托方和相对方(即第三方)订立交易合同而进行联系、介绍商品性能、提供信息等中介服务活动所达成的具有一定权利和义务关系的协议,是平等主体(委托方、经纪人、相对方)之间设立、变更、终止民事权利、义务关系的协议。

经纪合同当事人,即委托方和经纪人的法律地位平等,应当遵循公平原则,确定各方的义务和权利,任何一方不得将自己的意志强加给另一方。当事人依法享有自愿订立合同的权利,任何个人和单位不得非法干预,在行使权力和履行义务时,应当遵循诚实信用原则,遵守社会公德和法律法规,不得损害社会公共利益,扰乱社会经济秩序。

经纪合同一旦成立,对当事人各方都具有法律约束力。依法成立的经纪合同受法律保护。当事人应当按照约定履行自己的义务,不得擅自变更或解除合同。

二、经纪合同的内容要点

一份完整的经纪合同,应当载明的内容有:委托人和经纪人的名称和住所;经纪事项的要求和标准;经纪事项及样品保管责任;佣金的标准、给付方式和期限;经纪期限;解决争议的办法;违约责任和纠纷解决方式;经纪人和委托方认为应当约定的其他事项。

关于经纪合同中的主要条款,都有哪些具体内容呢?

1. 提供中介服务标的

合同标的是指合同当事人的意思表示所共同指向的对象。书写经纪合同标的时,要表述清楚委托人委托经纪人干什么,如在经纪合同上应该书写"提供推销农产品的机会"等。

2. 对标的的具体要求

协商确定标的的具体要求,是确定双方当事人责任的主要内容,也是中介服务标的的具体化,主要是委托方需要出售或获取的商品的具体要求,商品规格、品种、产地、数量、质量、价格浮动幅度、商品的保管责任、交货期限等。

3. 佣金及其支付办法

佣金是经纪合同双方当事人权利、义务大小的重要体现,必须在合同上明确约定:佣金的数额或提取比例;支付期限;结算方式;有关佣金的其他规定。

4. 农村经纪人完成中介服务的期限

通过协商,应该商定经纪人在什么期限内找到符合标的具体要求的对应方;同时,还应该协商在约定的期限内,经纪人没有找到符合标的具体要求的对应方,即没有完成中介服务,是否作违约处理,也应该清楚的写入合同。

5. 违约责任

违约责任是指合同当事人由于自己的过错,不履行或不适当履行合同所规定的义务,必须承担继续履行、赔偿损失或采取补救措施等由此而产生的法律后果。就经纪合同来说,承担违约责任的主要方式是支付赔偿金和违约金两种。

第23课　农村经纪合同的种类

按经纪业务的种类,可将经纪合同分为:委托合同、行纪合同和居间合同三类。

一、委托合同

委托合同是经纪人活动中常见的一种合同形式。在现实经纪活动中常会出现两种情形：一种是客户因客观原因制约，如时间紧或路途遥远，自己不便前来进行经营活动交往，就委托经纪人代替自己进行此项经营活动；一种是某经纪人长期为某一客户提供中介服务，客户对该经纪人相当信任，这样，客户的经营活动不仅需要经纪人中介，而且委托该经纪人代表他搞经济活动，这便使经纪人与客户之间形成了委托代理关系。

在这两种情况下，经纪人其实已经转化为委托代理人，以此种代理关系为依据，经纪人同客户订立的合同便是委托合同，或称为代理合同。

委托合同就是指双方当事人约定，受托人以委托人的名义，为委托人办理委托事务，由委托人负担办理委托事务所需要的费用，并向受托人支付约定报酬的协议。在委托合同关系中，一方当事人为受托方，另一方为委托方。

1.委托合同中双方的义务

在委托合同中，经纪人在合同中应承担的义务有：亲自处理事务，不得擅自转委托；按照委托方的指令处理事务；交付财物和转移权利；报告事务处理的情况；赔偿违约损失。委托方在合同中的义务有：清偿债务、支付费用、赔偿责任以及支付佣金。

2.委托合同的格式

委托合同的主要条款有：委托人和受托人的姓名、委托权限、委托事项、委托期限、双方的义务和权利、报酬和委托终止等条款。书面形式的委托合同应包括标题、正文、双方当事人的基本情况和结尾四个部分。标题一般为"委托合同"、"委托书"或"代理协议"等。

委托合同

（经纪合同范本）

合同编号：

委托人：_____　　　合同编号：_____

受托方：_____　　　签订地点：_____

第一条　委托人委托受托人处理_____事务。

第二条　委托人处理委托事务的权限与具体要求：_____

_____。

第三条　委托期限为：自_____年_____月_____日至_____

年_____月_____日。

第四条　委托人（是/否）允许受托人把委托事务转委托给第

三人处理。

第五条　受托人有将委托事务处理情况向委托人如实报告的

义务。

第六条　委托人预付受托人处理委托事务的费用的数额、时

间、方式：_____。

第七条　受托人将处理委托事务的取得的财产转交给委托人

的时间、地点、方式：_____。

第八条　委托事务完成后的报酬及支付时间、方式：

_____。因不可归责于受托人的事由，委托合同

解除或者委托事务不能完成的，委托人应向受托人支付报酬如下：

_____，支付时间、方式：_____。

第九条　受托人处理委托事务时，因不可归责于自己的事由

受到损失的，可以向委托人要求赔偿损失。

第十条　有偿的委托合同，因受托人的过错给委托人造成损

失的，委托人可以要求赔偿损失。无偿的委托合同，因受托人的故

意或者重大过失给委托人造成损失的，委托人可以要求赔偿损失。

受托人超越权限给委托人造成损失的，应当赔偿损失。

第十一条 本合同解除的条件:委托人或者受托人可以随时解除合同。因解除合同给对方造成损失的,除不可归责于该当事人的事由以外,应当赔偿损失。

第十二条 委托人违约责任:_____。

　　　　　受托人违约责任:_____。

第十三条 合同争议的解决方式:本合同项下发生的争议,由双方当事人协商解决;也可由当地工商行政管理部门调解;协调或调解不成的,按下列第_____种方式解决(只能选择一种):

(一)提交_____仲裁委员会仲裁;

(二)依法向_____人民法院起诉。

第十四条 其他约定事项:

委托人		受托人	
委托人(章):	住所:	受托人(章):	住所:
营业执照号码:	身份证号:	营业执照号码:	身份证号:
法定代表人:	委托代理人:	法定代表人:	委托代理人:
电话:	传真:	电话:	传真:
开户银行:	账号:	开户银行:	账号:
税号:	邮编:	税号:	邮编:

二、行纪合同

行纪合同又称信托合同,是指行纪人根据委托人的委托,以自己的名义,为委托方从事贸易活动,其报酬由委托方支付的合同。

1.行纪合同的特征

行纪合的特征主要有以下几个方面。

(1)行纪人必须以自己的名义为法律行为。行纪人用委托方的费用、物品为委托方的利益与第三方订立合同,由此产生的义务由行纪人履行和承担。

(2)行纪人必须以委托方的利益为法律行为。行纪人从事购销、寄售等中介服务活动,并不是出于自己的需要,而是基于委托方的要求。行纪人的法律行为所产生的利益和损失,也都归属为委托方。行纪人只享有暂时的占有权,应在约定的时间内转交给委托方或第三人。因此,行纪人的一切中介行为都必须以委托方的利益去权衡利弊。

(3)委托方向行纪人支付佣金。行纪是一种以佣金为目的的经营性经纪行业,并且必须经过工商行政管理部门注册登记的经营企业。

2.行纪合同中当事人的权利和义务

行纪合同中,行纪人的权利有:费用偿还请求权、佣金请求权、拍卖提存权、介人权。行纪人在享受权利的同时,必须承担的义务有:遵守指定价格的义务、遵守委托方指令的义务、报告义务、保管义务。

委托方在支付佣金、接受行纪人的给付和偿还费用时,还承担着行纪人转移而来的义务,此时,有权要求行纪人按其指令为法律行为;当行纪人违反合同约定时,委托方有权拒绝接受行纪人的行为产生的任何法律后果,拒绝偿还费用和支付佣金,并有权请求赔偿损失。

3.行纪合同的格式

行纪合同的主要条款包括:代办事项、违约责任和佣金等。

行纪合同
(经纪合同范本)

合同编号:

委托人:_____   签订地点:_____

行纪人:_____   签订时间:_____

第一条 委托人委托行纪人以自己的名义处理以下事务:____

_____。

第二条 委托权限及具体要求:_____。

第三条 行纪期限为:自_____年_____月_____日至_____

年_____月_____日。

第四条　委托人（是/否）允许行纪人把委托事务转委托给第三人处理。

第五条　行纪人将处理委托事务所取得的财产转交给委托人的时间、地点、方式：＿＿＿＿＿＿＿＿＿＿＿＿＿＿＿＿＿＿＿＿。

第六条　行纪人处理委托事务支出的＿＿＿＿＿＿＿等费用，由＿＿＿＿＿＿承担。

第七条　结算价款的方式及期限：＿＿＿＿＿＿＿＿＿＿。

第八条　报酬的计算方法及支付方式、期限：＿＿＿＿＿＿。

第九条　委托人未向行纪人支付报酬的，行纪人（是/否）可以留置委托物。

第十条　本合同解除的条件：委托人或者受托人可以随时解除合同。因解除合同给对方造成损失的，除不可归责于该当事人的事由以外，应当赔偿损失。

第十一条　委托人违约责任：＿＿＿＿＿＿＿＿＿＿＿＿。

　　　　　　行纪人违约责任：＿＿＿＿＿＿＿＿＿＿＿＿。

第十二条　合同争议的解决方式：本合同项下发生的争议，由双方当事人协商解决；也可由当地工商行政管理部门调解；协调或调解不成的，按下列第＿＿＿＿＿种方式解决（只能选择一种）：

（一）提交＿＿＿＿＿＿＿＿＿＿＿＿仲裁委员会仲裁；

（二）依法向＿＿＿＿＿＿＿＿＿＿＿＿人民法院起诉。

第十三条　其他约定事项：

委托人		行纪人	
委托人（章）：	住所：	行纪人（章）：	住所：
营业执照号码：	身份证号：	营业执照号码：	身份证号：
法定代表人：	委托代理人：	法定代表人：	委托代理人：
电话：	传真：	电话：	传真：
开户银行：	账号：	开户银行：	账号：
税号：	邮编：	税号：	邮编：

三、居间合同

居间合同,又称为中介合同或中介服务合同。它是指居间人向委托方报告机会或者提供订立合同的媒介服务,委托方支付佣金的合同。在居间合同关系中,一方为居间人,一方为委托方。

1.居间合同的特征

居间合同是经纪合同的基本类型,其基本特征表现在以下几个方面。

(1)居间合同是双方当事人的意见表示一致的结果,合同双方都负有义务,合同的形式既可以是口头的也可以是书面的。居间人提供服务后,就有权获得佣金。

(2)居间合同的居间人依照委托方的指令,为其寻找合乎要求的相对方,传达双方意思,为合同的订立创造机会、提供条件,撮合双方订立合同。

(3)在委托人与第三人订立合同时,居间人只是给予协助,并不参与。居间人仅是双方的介绍人。

2.居间合同中双方的义务和权利

居间合同中,委托人的义务有:委托人应向居间人说明委托事项的具体要求;委托事项完成后,向居间人支付规定或者约定的报酬及其他必要的费用。委托人的权利有:了解并在合同中约定居间人的活动范围、经纪能力、资信程度等;有权与居间人寻找到的符合签约条件的第三人签约。

居间合同中,居间人的义务有:居间人应讲诚实、守信用,不弄虚作假;忠实于委托人的利益,按委托人的要求进行居间活动;需要保守秘密的,还有保守秘密的义务;居间人故意隐瞒与订立合同有关的重要事实或者提供虚假情况,损害委托人利益的,不得要求支付报酬并应当承担损害赔偿责任;必要时协助委托人与第三人订立合同。居间人的权利有:有权获取委托人委托事项的合同的真实材料和有关背景材料;在完成委托后有权收取佣金。

3.居间合同的格式

居间合同的主要条款有：当事人的名称和地址、佣金、委托事项、完成委托事项的时间和违约责任等。

居间合同

（经纪合同范本）

合同编号：

委托人：＿＿＿＿＿＿＿　　　签订地点：＿＿＿＿＿＿＿

居间人：＿＿＿＿＿＿＿　　　签订时间：＿＿＿＿＿＿＿

第一条　委托事务及具体要求：＿＿＿＿＿＿＿＿＿＿＿＿＿＿。

第二条　居间期限为：自＿＿＿＿年＿＿＿＿月＿＿＿＿日至＿＿＿＿年＿＿＿＿月＿＿＿＿日。

第三条　委托人（是/否）允许居间人把委托事务转委托给第三人处理。

第四条　居间人应当就委托事务处理情况向委托人如实报告。

第五条　报酬及支付方式、期限：居间人促成合同成立的报酬为：＿＿＿＿＿＿＿，支付时间及方式为：＿＿＿＿＿＿＿；未促成合同成立的，居间人不得要求支付报酬。

第六条　居间费用及支付方式：居间人促成合同成立的，居间活动的费用由居间人负担；未促成合同成立的，委托人应向居间人支付必要的费用如下：＿＿＿＿＿＿＿，支付方式为：＿＿＿＿＿＿＿。

第七条　本合同解除的条件：＿＿＿＿＿＿＿＿＿＿＿＿＿。

第八条　委托人违约责任：＿＿＿＿＿＿＿＿＿＿＿＿＿。

居间人违约责任：＿＿＿＿＿＿＿＿＿＿＿＿＿。

第九条　合同争议的解决方式：本合同项下发生的争议，由双方当事人协商解决；也可由当地工商行政管理部门调解；协调或调解不成的，按下列第＿＿＿＿＿＿种方式解决（只能选择一种）：

（一）提交＿＿＿＿＿＿＿＿＿＿＿仲裁委员会仲裁；

（二）依法＿＿＿＿＿＿＿＿＿＿＿向人民法院起诉。

第十条　其他约定事项：

委托人		居间人	
委托人(章)：	住所：	居间人(章)：	住所：
营业执照号码：	身份证号：	营业执照号码：	身份证号：
法定代表人：	委托代理人：	法定代表人：	委托代理人：
电话：	传真：	电话：	传真：
开户银行：	账号：	开户银行：	账号：
税号：	邮编：	税号：	邮编：

第24课　签定合同时的注意事项

一、确保合同的合法性,避免签订无效合同

作为农村经纪人要特别注意,在什么情况下签订的合同是属于无效的合同,在签订时要注意下面几个方面。

(1)采取胁迫、欺诈等手段签订的经纪合同。

(2)违反法律法规签订的经纪合同。

(3)违反国家或社会公共利益的合同。

(4)代理人超越了代理权限签订的经纪合同,或以被代理人的名义同自己或者同自己所代理的其他人签订的经纪合同。

签订的经纪合同被确认为无效后,经纪人从委托人那里获得的服务费或佣金应当归还给委托人,所导致的损失由责任方承担。如果当事人故意违反国家或社会公共利益,应当追缴已经取得或约定取得的财产,没收归国家所有。

二、注意合同的公证性

农村经纪合同的公证性,主要体现在合同对各方当事人义务、权利约定上的对等。在合同条文的制定中,不能承担的义务多而权利少,必须要做到义务和权利是对等的。

三、注意经纪合同条款的规范性

农村经纪合同的条款、手续和格式，要求做到尽可能的周全详尽，合同条文的字句要严谨。同时，要注意一些细节内容。

（1）表达各项交易条款的文字要明确严谨，不要使用模棱两可或含糊不清的语言。特别是合同里使用的术语要标准化、规范化。在合同条文结构上也要严谨，避免条文之间的逻辑混乱。

（2）所订的各项交易条款要具体、完善。例如品质，要规定交货时的品质公差高于或低于合同规定的品质幅度，要列明产品的标准，以防止引起品质标准的纠纷。凭样品买卖时，应列明样品的编号和寄交日期，要求规定的品质与样品的品质大致要相同。

（3）约首和约尾要保证完整、准确。地点不详、企业名称不同等都是不符合要求的。

（4）保持各项交易条款的相互衔接，防止相互之间发生矛盾。一份完整的有效合同，一般要求各主要条款完整，不能出现相互抵触的现象，这必然会造成大的纠纷。

（5）重视仲裁条款。在订立经纪合同时，要对双方同意的仲裁机关名称加以确立，以便发生争议时，可以向双方确定的仲裁机构申请仲裁。

四、注意合同的可行性

农村经纪合同一旦签订，就必须付诸实施，否则就要承担相应的法律责任。所以，在签订经纪合同时，一定要在事前做好调查，要保证经纪合同能够顺利实施。

在签订合同时，为了确保合同的合法性，最好能够向律师事务所、法律顾问去咨询相关业务的情况，了解业务发生纠纷的概率和纠纷的种类、起因，这样在订立合同时就可以提前考虑各种不利因素，从而避免类似事件的发生。

第八单元 农村经纪人的管理

第25课 农村经纪人的国家职业标准

农村经纪人的国家职业标准,我们以 2006 年 2 月 27 日,国家劳动和社会保障部颁布的《农产品经纪人国家职业标准》为例进行说明,农产品经纪人、粮食经纪人等的相关要求大体相同。

农产品经纪人国家职业标准

1.职业概况

1.1 职业名称

农村经纪人。

1.2 职业定义

从事农产品收购、储运、销售以及销售代理、信息传递、服务等中介活动而获取佣金或利润的人员。

1.3 职业等级

本职业共设三个等级,分别为:初级(国家职业资格五级),中级(国家职业资格四级),高级(国家职业资格三级)。

1.4 职业环境

室内、外,常温。

1.5 职业能力特征

具有一定的判断、推理、计算、语言表达能力,色、嗅、味、触感官灵敏,空间感、形体感强。

1.6 基本文化程度

初中毕业。

1.7 培训要求

1.7.1 培训期限

全日制职业学校教育,根据其培养目标和教学计划确定。晋级培训期限：初级不少于 200 标准学时；中级不少于 150 标准学时；高级不少于 100 标准学时。

1.7.2 培训教师

培训初、中级人员的教师应具有本职业高级职业资格证书或相关专业初级以上专业技术职务任职资格；培训高级人员的教师，应具有相关专业中级以上专业技术职务任职资格。

1.7.3 培训场地与设备

能满足教学需要的标准教室和技能模拟训练场地，备有代表性的农产品标准样品，品种齐全；收购、评审质量、分等定级、计量计价的仪器设备；具有模拟交易结算室及计算机等相关设施。

1.8 鉴定要求

1.8.1 适用对象

从事或准备从事本职业的人员。

1.8.2 申报条件

初级（具备以下条件之一者）：

(1)经本职业初级正规培训达规定标准学时数，并取得毕（结）业证书。

(2)在本职业连续见习工作 2 年以上。

中级（具备以下条件之一者）：

(1)取得本职业初级职业资格证书后，连续从事本职业工作 2 年以上，经本职业中级正规培训达规定标准学时数，并取得毕（结）业证书。

(2)取得本职业初级职业资格证书后，连续从事本职业工作 4 年以上。

(3)取得经劳动保障行政部门审核认定的，以中级技能为培养目标的职业学校本职业（相关专业）毕业证书，从事本职业工作 1 年以上。

高级（具备以下条件之一者）：

(1)取得本职业中级职业资格证书后,连续从事本职业工作3年以上,经本职业高级正规培训达规定标准学时数,并取得毕(结)业证书。

(2)取得本职业中级职业资格证书后,连续从事本职业工作6年以上。

(3)取得本职业中级职业资格证书的大专以上毕业生,并连续从事本职业工作2年以上。

(4)取得高级技工学校或经劳动保障行政部门审核认定的,以高级技能为培养目标的职业学校本职业(相关专业)毕业证书,从事本职业工作1年以上。

1.8.3 鉴定方式

分为理论知识考试和技能操作考核两部分。理论知识考试采用笔试方式,满分为100分,60分及以上者为合格。理论知识考试合格者方能参加技能操作考核。技能操作考核采用现场实际操作方式进行,技能操作考核分项打分,满分为100分,60分及以上者为合格。

1.8.4 考评人员与考生配比

理论知识考试考评员与考生的比例为1∶20,每个标准教室不少于2人;技能操作考核考评员与考生的比例为2∶1,即2名考评员负责一名考生,考生逐一操作,考评员逐一评分。

1.8.5 鉴定时间

理论知识考试为120分钟;技能操作考核初级为120分钟,中级、高级各为150分钟。

1.8.6 鉴定场所及设备

理论知识考试在标准教室进行。技能操作考核应在符合本职业要求的实验室和模拟场所进行,实验室、模拟场所应具备有关的仪器设备、工具材料、计算机等。

2.基本要求

2.1 职业道德

2.1.1 职业道德基本知识。

2.1.2 职业守则。

(1)爱岗敬业,诚实守信;

(2)遵纪守法,办事公道;

(3)精通业务,讲求效益;

(4)服务群众,奉献社会;

(5)规范操作,保障安全。

2.2 基础知识

2.2.1 农产品商品基础知识。

(1)农产品的概念及分类;

(2)农产品的商品性状;

(3)农产品的规格与质量标准;

(4)农产品的鉴别及等级评定方法。

2.2.2 财务会计知识。

(1)会计基础知识;

(2)会计报表分析的基础知识。

2.2.3 经营管理知识。

(1)农产品的经营特点及业务管理;

(2)农产品的包装、保管、运输;

(3)农产品的购销业务的成本核算;

(4)WTO 相关知识。

2.2.4 经济地理知识。

(1)我国主要农产品的地理分布:

(2)各种运输线路、运输工具的选择;

(3)我国公路、铁路主干线的地理分布。

2.2.5 相关法律知识。

合同法的相关知识;消费者权益保护法的相关知识;产品质量法的相关知识;计量法的相关知识;税收征收管理法的相关知识;道路运输管理条例的相关知识;野生动物保护法的相关知识;野生植物保护条例的相关知识;保险法的相关知识;国家绿色食品标准的相关知识;食品卫生法的相关知识;动植物检疫法的相关知识。

2.2.6 安全卫生知识。

(1)安全食品生产知识;

(2)运输工具及机械设备的安全使用知识;

(3)安全用电知识;

(4)防火、防盗、报警、补救知识;

(5)环境保护知识。

2.2.7 信息技术应用知识。

(1)微型计算机应用的基本知识;

(2)计算机病毒的防治常识;

(3)计算机网络及互联网(Internet)的初步知识。

3. 工作要求

本标准对初级、中级、高级的技能要求依次递进高级别涵盖低级别的要求。

第 26 课　农村经纪人管理的原则、目标和内容

一、农村经纪人的管理原则

对农村经纪人的管理,总的要求是,管而不死,活而不乱,明确规定,落实措施,自主发展,健康成长。

(一)放宽准入领域

根据国家工商行政管理部门颁布实施的《中华人民共和国经纪人管理办法》(以下简称《经纪人管理办法》),经纪业要尽量放宽

准入的资格条件,只有那些需要一定专业知识的经纪行业,才需要特别严格的经纪人资格条件,实行经纪执业资格考核制度。考核可以采用考试的方式,也可以使用其他考核方式,要根据经纪活动涉及的领域来确定。除国家法律法规明确禁止从事的领域、明确禁止自由流通的商品和提供的服务外,农村经纪人都可平等进入。鼓励、引导农村经纪人积极参与农村地区集体企业的改制改组和管理,参与农村产业结构调整和产业化经营;鼓励、引导农村经纪人积极参与农业科技创新、农业技术推广;鼓励、引导农村经纪人积极参与发展农产品深加工和农业资源丰富的工艺制品等特色农业经纪。

(二)降低准入门槛

对农村经纪人的管理,要坚持适度管理和合理规范相结合的原则,既要避免过度严格管理,影响经纪人的发展,也要避免不管不顾,放任自流的现象,要以组织引导农村经纪人健康发展为指导原则。为了促进经纪行业的发展,各地均实行"低门槛准入"。其中对部分农民申请季节性或临时性的从事农副产品经纪活动的,由各地农村经纪人协会免费发放"经纪人执业证书";对农民申请其他类型经纪人的,国家工商部门除收取必要的工本费用外,免收其他费用,促进经纪人的发展。

(三)七条规范措施

为贯彻落实中共中央、国务院《关于推进社会主义新农村建设的若干意见》,切实推动解决"三农"问题,国家工商总局依据有关法律法规以及《经纪人管理办法》,就大力培育和规范发展农村经纪人提出七条规范性措施。

一是充分认识农村经纪人在建设社会主义新农村中的重要作用。二是发挥工商行政管理职能,大力培育和规范发展农村经纪人。三是针对农村经纪人的现状,采取切实可行的培育措施。要对辖区内的农产品生产产量、生产结构、生产特色以及农产品流通状况进行认真调查研究,在此基础上重点培育为当地优势农副产品衔接市场需求的经纪人等。四是充分运用工商行政管理职能,做好服务工作。有计划地对农村经纪从业人员进行法律法规、合同规范、市场营销、职业道德等方面的培训。制定农业经纪合同示范文本。引导农村经纪人提高商标意识,开展特色经纪。配合有关部门建立相应的信息服务平台,为农村经纪人建立信息通道。建立农村经纪人跟踪服务制度及分类指导制度。五是加强监督管理,规范经纪行为,引导农村经纪人健康发展。要积极引导农村经纪人注册登记,建立健全农村经纪执业人员备案及基本情况明示制度,建立健全农村经纪人及执业人员档案,实施信用分类管理,依法查处无照经营的"地下"农村经纪活动。六是支持和指导农村经纪人建立自律机制。七是加强领导,确保农村经纪人培育和规范发展工作落到实处。

二、农村经纪人的发展目标

(一)以市场确定发展目标农村经纪人的数量

要遵循市场经济规律,按照稳定数量、提高质量、逐步发展的要求,与农村经济发展形势相适应。不要盲目的攀比发展数量,各地要根据当地特色农业的发展和农村经济发展水平,把那些有头脑、有主张、有文化、能吃苦、懂技术、会经营的农村骨干带头人发展为农村经纪人,发挥他们在市场经济中引领农村经济发展动态,调整产业结构,提升农产品质量,保障农产品供给,改善人们生活质量,美化农村环境,改变人们生活习俗方面的带头作用。

(二)拓宽经纪人服务领域

随着农村经济社会的发展,结合各地产业特色,要因势利导、分类指导、鼓励、引导、发展农产品经纪人,农业科技经纪人,信息经纪人,农村劳动力转移经纪人,供种收购型经纪人,市场营销型经纪人,利益共享型经纪人,联产带动型经纪人以及一般商品、产权、证券、保险、体育、期货、文化、交通运输经纪人等。

(三)要形成经纪人网络化

农村经纪人的发展,要以经纪人协会组织网络为依托,按照定位准确、作用明显、组织健全、服务周到的要求,进一步完善农村经纪人组织网络。逐步形成以农村经纪人协会为骨干,特色专业、行业协会为基础,经纪人大户为龙头,形成覆盖各地的农村经纪人行业组织网络。充分利用农村经纪人组织网络的优势,开展农村各种经纪活动,交流经纪经验,扩大经纪规模,提升经纪水平和质量,实现资源互补和整合,发挥经纪协会和经纪人网络的整体优势,做强做大经纪产业。

三、农村经纪人的管理内容

(一)明确经纪行政监管机构,完善法规制度

根据"经纪人管理办法"、"经纪人管理条例"或以政府令颁布的地方性法规或规章,已明确指出工商行政管理机关是经纪人的监督管理机关,政府有关部门根据职责依法对经纪人进行管理。工商行政管理机关和有关部门根据政府赋予的经纪人管理职责,落实机构和人员,组织力量对经纪人进行管理。

(二)确立经纪人的权利义务关系,完善监管措施

在政府颁布的经纪人法规规章中明确阐明了经纪人的权利和义务,在前面内容中已有论述。

(三)经纪活动方式及组织形式

国家工商行政局颁布的《经纪人管理办法》,从宏观上明确了经纪人的活动范围及其行为特征,界定了各种不同类型的经纪人的种类。

(四)经纪资格的认定

由于经纪活动的特殊性,在关于经纪人管理的法规规章中,明确了要对经纪人实行执业资格认定管理制度。为提高经纪执业人员的业务素质和法律素质,各地逐步重视规范了执业经纪资格认定工作。一些地方对经纪人进行培训、考试,对审核合格的人员发给执业证书,这对于提高我国经纪人管理水平起到了重要的作用。但是对于我国广大农村经纪人而言,还有相当多的经纪人没有经纪执业证书。由此可见,对于农村经纪人的资格认定,还有待进一步探索和完善。

(五)实施注册登记制度

独立从事经纪活动的专业经纪人和从事经纪活动的组织应当经工商行政管理机关注册登记后,才能成为合法的市场经营主体。国家和各地工商行政管理部门颁布的关于经纪人管理的法规规章中都明确规定要对经纪人进行注册登记管理。对我国广大农村经纪人而言,也同样要进行注册登记管理,这样才能实现对农村经纪人有序管理,同时也能有效避免在经纪活动中出现的欺诈现象。

(六)培养和建立自律性运行机制

在对经纪人进行管理的过程中,除了政府及主管部门对经纪人进行管理外,还要鼓励以及支持经纪人自律组织的建立发展,也就是经纪人协会的建立和发展。从上海市、深圳市、山东省、江苏省等经纪人发展较好的省(市)来看,已在当地工商行政管理机关的支持下成立了经纪人协会,其他省(市)的经纪人协会组建工作也日益受到重视。

第27课　农村经纪人的登记注册和监督管理

农村经济体制改革以来,农村经纪人队伍日益壮大,作用不断增强,繁荣了农村经济,促进了农业发展,但同时也存在着规模小、组织松散、管理不够规范等问题。为了使农村经纪人健康有序地发展,必须进一步做好农村经纪人的监督管理工作。

一、严格登记注册制度

根据我国现行法律、法规规定,农村经纪人只有依法登记,才能取得合法的经济户口,成为独立的享有民事权利,承担民事义务的法律主体,得到法律法规的保护和制约。国家和各地工商行政管理部门颁布的关于经纪人管理的法规中明确规定对经纪人要进行注册登记管理。对于农村经纪人也要进行注册登记管理,才能实现对农村经纪人的有序管理,保障农村经纪人的合法权益,有效避免经纪活动中的欺诈现象和各种不必要的经济纠纷。另一方面,有关部门要加大对农村经纪人队伍的培育和服务。建议在农村举办农村经纪人学校,让一些头脑灵活、有一定市场意识和文化农民经纪人得到培训和提高。向农村经纪人提供经济信息、市场快讯,开展政策咨询,通过扶强培优,引导其逐步向大规模、高层次,跨区域、联合经营的方向发展,使农村经纪人真正成为农民走向市场的引路人。

二、行业监管的主要内容

在经纪活动中有的农村经纪人只片面追求经济利益,忘记了带领大家共同致富的宗旨。有的经纪人两眼只盯着个人利益,为促成生意,不惜哄这方瞒那方,侵犯他人利益;有的经纪人缺乏信用观念,货款到手后,不及时交给卖方,一味拖欠要赖,引发纠纷造成矛盾,影响稳定;还有的经纪人欺行霸市,专欺"外地客",造成极坏影响;有的经纪人经营畜禽产品,缺乏法制观念,将病死畜禽偷运到外地销售,给消费者的健康造成了极大危害。以上种种做法,既违反了职业道德和法律法规,又扰乱了经济秩序,损害了经纪人本身的形象。在现行对经纪人的管理方面,也存在一些问题,比如工商、税务等职能部门对部分经纪人的经营收费没有按照国家制定的标准执行,存在收费标准超标的现象;存在对外销农产品设置人为障碍的现象,不按规定扣押经纪人的产品、扣押相关证照和乱罚款等。鉴于此,建议有关部门对农村经纪人队伍加强规范化管理,加强市场经济知识、市场营销知识、职业道德及工商法规等方面的教育,引导他们遵纪守法、文明办事,树立新时期经纪人的良好形象,为进一步搞好市场流通作出贡献;相关职能部门除要进一步规范自身的行为外,还要鼓励和支持农村经纪人自律组织的建立和发展,切实做好以下七个方面的工作,为农村经纪人经营活动创造一个良好的环境。

(一)强化组织协调

在新时期,各地要高度重视,积极推动,形成支持农村经纪人发展的工作格局。相关政府部门一是要做好组织协调工作,高度重视和支持农村经纪人的培育发展,由政府统一领导,协调相关部门,制定培育扶持农村经纪人发展的综合配套政策和措施,切实解决阻碍农村经纪人发展的问题,务求形成政府主导、部门扶持、社会参与的工作格局和良好氛围。二是要加强与农产品经纪人、农村粮食经纪人以及其他经纪人之间的联系、协作,引导他们组建联合体或协会,帮助建立健全规章制度,向组织化、规模化和自律化方向发展。三是要指导农村经纪人组织独立自主地开展工作,不搞包办代替,也不干预正常工作。四是要支持他们与农产品行业协会、农业协会交流与合作,并提供市场信息和政策咨询等服务,促进农村经纪人队伍的健康发展。

(二)完善行业规范

国家工商行政管理部门和相关单位,要制定符合经纪行业特点的执业标准,建立农村经纪人执业人员的准入、退出及资格审验制度。引导农村经纪人树立诚实守信、合法经营观念,鼓励公平竞争;取缔和打击无证、照经营等非法经纪行为,维护经纪市场秩序,保护经纪当事人的合法权益。

（三）提高从业人员素质

农村经纪人的素质与经纪业务规模、经纪效益、经纪发展前景息息相关。各级政府相关部门要会同工商等部门对农村经纪人进行农业法律法规、市场经济、经营管理、市场营销、礼仪道德等方面知识的系统培训学习，提高农村经纪人队伍的法律意识、业务素质、服务技能和整体水平。加强培训，以培训促发展，提升农村经纪人的综合素质。采取政治上鼓励、政策上优惠、资金上支持等措施，利用各种形式和途径培养一批农村经纪人。有关部门要认真组织编写培训教材，建立培训基地，积极开展农村经纪人培训工作，帮助他们提升综合素质。做到培训教育、规范管理与组织发展同步。特别是要教育经纪人增强诚信意识，以诚信求生存，以诚信求发展。

（四）靠服务促发展

各级政府部门要认真研究和制定发展农村经纪人的政策措施，特别是各涉农部门要加强配合，从资金、政策等方面加大扶持力度，为农村经纪人的发展创造更加宽松的环境。银行部门要加大对农村经纪人的信贷支持力度，加强专项资金发放的针对性，对那些经营大户要予以适当倾斜。税务部门要采取一定的优惠措施，对农村经纪人给予实际有效的支持。各级工商行政管理部门要积极引导，放宽市场准入条件，促进农村经纪人队伍的发展；要加强对市场的调控，强化对农村经纪人的协调管理和行业内部管理，防止和杜绝恶性竞争。要强化服务，加强引导，加大政策扶持力度，营造公平竞争的市场环境，促进农村经纪人发展上规模、上档次，提高水平。要围绕促进经纪人队伍建设，制定优惠政策，如搞运输的车辆要适时开通"绿色通道"，进城经商要开辟"经纪人一条街"，商业银行有必要设立专项的信用贷款进行重点扶持等，促进经纪人队伍不断发展壮大。

（五）鼓励有序竞争

按照"自愿、互助、合作"的原则，把经纪人组织起来，逐步走上自我管理、自我服务、自我发展的轨道。要加强监管，规范经纪行为。积极引导农村经纪人注册登记，对从业人员发证办照，持证上岗，取得合法的市场主体资格，规范农村经纪人的发展；建立农村经纪人管理档案，实行信用管理；适时开展诫勉警示，约束和规范经纪行为，规范管理，为合法经纪活动创造良好的经纪环境。要加强日常监督。充分发挥工商、行业主管部门和群众的监督作用，对欺诈行为予以打击、曝光，严重的吊销营业执照，违法乱纪的要依法严惩。要引导农村经纪人向规模化、组织化、规范化经营。建立政府与经纪人之间、经纪人与经纪人之间相互沟通的渠道，各相关部门要认真开展法律、法规及政策咨询，主动传递市场信息，鼓励农村经纪人采取合作、合伙或公司模式来形成规模，节约经纪成本。

（六）建立自律组织

农村经纪人经纪活动分散、经营规模小、信息闭塞，需要建立相互了解和沟通的平台。各地工商行政管理机关要有效地组织农村经纪人建立自律组织、自律性行业协会，构筑农村经纪人行业自律组织网络。积极帮助各类农村经纪人协会建立工作制度，健全自律管理规则，充分发挥自我服务、自我约束、自我发展的作用。帮助农村经纪人自律组织建立起政府和经纪人之间、经纪人和经纪人之间相互沟通的渠道。通过自律组织开展法律法规及政策的咨询，传递市场信息，开展经纪行为自我管理，维护农村经纪人的合法权益，发挥行业协会自律作用。要加快政府职能转变，将农村经纪人的培训、管理、规范等职能逐步交给经纪人协会等中介组织，充分发挥其组织、引导和服务作用，为农村经纪人提供信息、技术、政策和法律咨询服务，使经纪人向组织化、规模化方向发展。

要进一步加大对农村经纪人违法违章经营行为的查处力度,严厉查处骗买骗卖、欺诈客户、违法经营等扰乱市场秩序的行为,重点打击无照经营、合同欺诈、坑农害农的行为。同时探索建立农村经纪人激励机制,对遵纪守法、诚实守信、表现突出、贡献较大的农村经纪人予以表彰奖励。

(七)加大宣传力度

切实抓好《经纪人管理办法》等法规、政策的贯彻落实,把农村经纪人发展、经纪活动和经纪人管理纳入经纪人法规的框架中,做到规范发展和管理。要加大经纪人法规的宣传力度,宣传农村经纪人的权利和义务,增强农村经纪人的法制观念,引导农村经纪人通过正当经纪活动获取合法收益,做到诚信经纪,恪守信誉。要加大宣传力度,抓好典型示范。各级政府和有关部门要通过各种媒体和多种形式,大力宣传农村经纪人的地位和作用,消除人们对农村经纪人的偏见;要树立守法、守信农村经纪人典型,通过现场会等形式进行示范,扩大农村经纪人的社会影响,形成"经纪有为、经纪光荣、经纪致富"的意识。要加强对农村经纪人作用的宣传,提高他们的社会地位。同时,要加强联系、指导和服务,帮助他们解决实际问题,为农村经纪人队伍创造良好的发展环境。

第九单元　农村经纪人的权益与相关法律

第28课　农村经纪人应确保佣金的获得

作为从事中介服务的农村经纪人,是通过掌握买卖双方的信息,撮合双方生意的达成,从而获得的收益。但是,一旦当买卖双方见面,经纪人就没有用了,也就有可能不会获得佣金,这也是农村经纪人在正常经营中所存在的风险之一。

另外,如果农村经纪人所代理的客户没有诚信,就算是经纪业务顺利完成了,而客户不按照合同履约交付佣金,也会给经纪人带来损失。

可见,虽然农村经纪人获取佣金是其应得的合法权利,但是要顺利地获取佣金却总是存在着一定的风险。所以,在经营活动中,农村经纪人要采取有效的防范措施,将风险降到最低。那么,农村经纪人防止被抛弃的办法都有哪些呢?

1. 严防供求双方见面

农村经纪人的操作过程大体可分为两个阶段,即以买卖双方见面为界,见面之前,经纪人起主要作用,拥有着主动权;而见面之后,主动权就会转移。所以,把握住见面前这一阶段,对经纪人来说是非常重要的。在中介业务开始时,先不要向交易双方透露出对方的情况,尽可能不让双方见面,而由经纪人作为供需双重身份,分别约对方进行经纪谈判,直到成功达成协议。

2. 调查对方的信誉度

有时,由于某种原因,经纪人难以与委托方签订合同,这就要对委托方进行资信调查,这可以通过各种关系来了解其情况。同时,对相对方也要进行适当的调查,并对相对方的人品、单位的性质、信誉度要有了解。如果对方信誉度好，重情义，守信用，那么你可以和他打交道，否则就要当心了。在经纪人掌握情况后，就可以免除同那些信誉不好的企业或个人进行交往，从而避免可能发生的损失和风险。

3. 慎重签订经纪合同

合同具有法律效力，经纪人与委托方签订经纪合同，是保障自身权益最有效的办法。合同签订后，如一方不能全部履行或不履行合同义务时，就构成了违法行为，就要承担其民事责任。

(1) 签订经纪合同。经纪人与委托人签订经纪合同时，要在合同上明确规定双方的义务和权力，规定佣金的标准和具体的结算办法，对容易引起纠纷的条款要作出明确的规定。

(2) 在经纪合同中，要明确约定经纪活动成本费用的支付方式，经纪人在必要时还可预收保证金或经纪成本费。经纪人收到预付费后，就可以用委托人的经费来开展经纪业务。如果不是经纪人自身的原因，经纪中介没有成功，那么预支的费用就无需交还委托人。采用这种方式时，经纪人所收取的佣金会相对较低。

(3) 签订专有的经纪合同。专有的经纪合同，是指经纪人与委托人签订经纪合同时，在合同中必须明确规定经纪人享有某项经纪业务单独占有的经纪权利，只要委托人发生该项委托业务，经纪人就可以要求按合同支付佣金。签订专有的经纪合同，对于保障经纪人获得应有的佣金是非常有利的。

4. 申请有关部门公证或监证

工商行政管理机关明确规定，经纪合同要实行监证制度。根据这一规定，经纪人与委托人签订经纪合同后，可到相关公证处公证或到工商行政管理机关监证，以保障经纪人获得佣金的权益。

5. 预收部分佣金

预收佣金。在行纪成本高、经纪业务难度大、佣金数额大的时候,经纪人可向委托人说明情况,使委托人能够基本理解,再根据具体情况,要求委托人能够提前支付部分佣金,作为行纪费用。

这样,一方面可以防止委托方甩掉经纪人,一方面也可以使经纪人有了活动经费。经纪人预支部分佣金后,应积极联系第三方,尽快使交易达成。在交易双方签订合同后,再补齐佣金。如果经纪人没有完成委托任务,则要退还委托人一部分佣金。

一般来说,定金应当由需方提供,但也不完全如此,关键还是看商品的短缺程度,需求量大小等。同时,要尽可能获得对方的许诺的证据,如录音和文字等。

6. 一手交钱,一手交货

农村经纪人在进行交易时,可采取一手交钱,一手交货的办法,让委托方及时交付佣金,以防拖欠不还。

7. 多了解交易进程

在买卖双方见面后,或签订初步意向书后,经纪人就会变得被动了。这时要防止被抛弃就相当困难了,就要多采取一些办法,如与双方见面,多从侧面了解进展程度等。这时,经纪人不能被动的等待,而是要争取主动,可以以维护权益为目的,在法律所规定的范围内进行追讨,寻求补救措施。在此时经纪人可以采用以下几个办法来解决。

(1)要沉着冷静。经纪人应静下心来,客观而理智的分析问题出在哪里,是什么原因造成的,对于发生问题的各个方面做些了解,并且可以直接找当事人问清原因。

(2)要付诸舆论。经纪人如果被交易双方甩掉,你就要借助可能利用的媒体或者你的关系网络,披露委托人同你签订合同前后的详细情况、既往买卖双方和你的关系网络等。

应取得经纪人的岗位证书,应选择一家经纪公司或成立一个经纪事务所,从而使内己的权益更有保障。

（3）要牵制住对方。经纪人在经纪过程中，如果没有把握获取佣金，就应该想办法牵制住对方。如果发现可能被甩，经纪人就应设法拿住对方，使他认识到如果没有你的参与，这笔交易就不会达成，即使成功，也需要付出比较大的代价，如果他不想放弃交易，或者感觉到要付出的代价，就会求助于你。

（4）要求助于法律。如果经纪人与委托人双方签有合同，经纪人就可以按合同规定的违约责任来进行处理，对方如果抵赖，经纪人可以提请经纪合同主管机关工商行政管理部门设立的仲裁委员会处理。如果已经构成经济案件，经纪人可向人民法院提起诉讼，要求赔偿损失。如果双方没有合同，法院可能不会受理这类案件，即使受理，也只能将这类经济案件当作一般的民事纠纷，经纪人要索回损失就会非常困难。

8.控制住对方的牌

农村经纪人手中应尽可能的有着控制对方的牌。这是因为，想让买卖双方不见面是很困难的，更多的时候则需要几方坐在一起进行谈判。这时，你如果还想握有主动权的话，就要在手中有着能控制住对方的牌。这张牌可以是现金，可以是物品，可是声誉，也可以是长久的合作关系，使对方受制于你。如果没有任何控制的牌，那就会风险重重，最好你不要进行这项交易！

9.运用法律维护正当权益

农村经纪人只要依法行纪，就能够得到法律的保护，从而维护自己的权益；同时，农村经纪人还要善于运用法律来维护自己应有的权益。

当你的权益受到严重损害时，在协商不成的情况下，就要诉之于法律，捍卫自己的利益。因此，你就得懂得到哪里打官司，怎样向人民法院提起诉讼，诉讼有哪些程序，要提供什么证据等情况。

第29课　与经纪人业务相关的法律

市场经济是法制经济,任何市场主体都必须要在国家法律法规的框架内开展自己的业务活动。依法经营是农村经纪人开展经营活动的基本前提。作为农村经纪人而言,要遵守的法律很多,其中密切相关的就是《经纪人管理办法》、《合同法》、《消费者权益保护法》、《劳动法》、《反不正当竞争法》、《质量法》、《食品卫生法》等。其中《合同法》和《经纪人管理办法》在本书中的其他地方已经介绍了,在此主要介绍《消费者权益保护法》、《劳动法》、《反不正当竞争法》、《质量法》和《食品卫生法》。

一、劳动法

《劳动法》又称劳工法,有广义和狭义两种概念。狭义的《劳动法》指1994年7月5日第八届全国人民代表大会常务委员会第八次会议通过,并于1995年1月1日实施的《中华人民共和国劳动法》;广义的劳动法是指调整劳动关系以及与劳动关系有密切关系的所有法律规范的总称。

《劳动法》界定了劳动法的概念、调整的对象及原则;明确劳动法律关系,强调劳动就业,规范劳动合同,其中劳动基准法规定了工时法律制度、工资法律制度、劳动保护法律制度,以及劳动争议及法律制度。对于农村经纪人而言,需要全面了解《劳动法》的基本内容,特别是与劳动就业和劳动合同有关的法律法规。

(一)劳动就业

1.劳动就业的含义

劳动就业就是指具有劳动能力的公民在法定劳动年龄内从事某种有一定劳动报酬或经营收入的社会职业。

2.劳动就业的特点

(1)劳动者是具有劳动权利能力和劳动行为能力的公民,包括法定劳动年龄内能够参加劳动的盲、聋、哑和其他有残疾的公民。

(2)劳动者必须从事法律允许的有益于国家和社会的某种社会职业。

(3)劳动者所从事的社会职业必须是有一定的劳动报酬或者经营收入,能够用以维持劳动者本人及其赡养一定家庭人口的基本生活需要。

3.劳动就业原则

劳动就业原则是指劳动法规定的劳动就业工作必须遵循的基本准则,根据《劳动法》的规定,劳动就业原则有以下几项内容。

(1)国家促进就业原则。国家会采取各种措施创造就业条件和扩大就业机会。

(2)平等就业原则。劳动者享有平等的就业权利和就业机会。

(3)劳动者与用人单位相互选择原则。劳动者与用人单位相互选择是指劳动者自由选择用人单位、用人单位自主择优录取劳动者。

(4)劳动者竞争就业原则。劳动者竞争就业是指劳动者通过用人单位考试或考核竞争,争取获胜而获得就业岗位。

(5)照顾特殊群体人员就业原则。特殊群体人员是谋求职业有困难或处境不利的人员的统称,包括妇女、残疾人、少数民族人员、退役的军人等。用人单位录用职工时,除国家规定和不适合妇女从事的工种或者岗位外,不得以性别为由拒绝录用妇女或者提高对妇女的录用标准。

(6)禁止未成年人就业原则。未成年人是指未满16周岁的公民。未成年人正处在长身体、长知识时期,为了保障未成年人健康成长,限制未成年人就业年龄是非常必要的。因此,国家规定禁止用人单位录用未满16周岁的未成年人,并且具体规定:禁止国家机关、社会团体、企事业单位和个体工商户、城镇居民等使用童工,禁止各种职业企业介绍机构以及其他单位和个人为未满 16 周岁的少年儿童介绍就业。禁止各级工商行政管理部门为未满 16 周岁的少年儿童发个体营业执照,父母或其他监护人不得允许未满 16 周岁的子女或被监护人做童工。文艺、体育和特种工艺单位招用未满 16 周岁的未成年人,必须依照国家有关规定履行审批手续,并保障其接受义务教育的权利。

(二)劳动合同

1. 劳动合同的含义

劳动合同也称劳动契约,是指劳动者与用人单位之间为确立劳动关系,依法协商达成的双方权利和义务的协议。劳动合同是确立劳动关系的法律形式。

2. 劳动合同的种类

(1)有固定期限的劳动合同(也称定期劳动合同),是指双方当事人规定合同有效起止日期的劳动合同。期限一般为 1 年、3 年和 5 年等。劳动合同期限届满,劳动合同就宣告终止。

(2)无固定期限的劳动合同(也称无定期劳动合同),是指双方当事人不规定合同终止日期的劳动合同。在劳动合同书上只写明合同生效的起始日期,没有规定合同终止日期。《劳动法》规定,劳动者在同一用人单位连续工作满 10 年以上,当事人双方同意续延劳动合同的,如果劳动者提出订立无固定期限的劳动合同,应当订立无固定期限的劳动合同。

(3)以完成一项工作为期限的劳动合同,是指双方当事人将完成某项工作或工程作为合同终止日期的劳动合同。当该项工作或工程完成后,劳动合同自行终止。

二、消费者权益保护法

1993 年颁布的《中华人民共和国消费者权益保护法》标志着我国消费者保护法制建设到了一个新阶段。

《消费者权益保护法》内容共分为 7 章 55 条。在总则中,明确了消费者为生活消费需要购买、使用商品或者接受服务,其权益受消费者权益保护法保护,消费者权益保护法中未作规定的,受其他有关法律法规保护。经营者在与消费者交易时,应当遵循自愿、平等、公平、诚实信用的原则,明确国家对消费者合法权益的保护内容,提出了国家采取措施,保障消费者依法行使权利,维护消费者的合法权益,消费者享有知情权、公平交易权、人格尊重权、监督权、批评建议权等权利。消费者权益保护法同时还规定了经营者应当履行的义务,规定了消费者协会和其他消费者组织对商品和服务进行社会监督和保护消费者合法权益的职能,明确了消费者和经营者发生权益争议的解决途径,以及经营者提供商品或者服务应该承担的责任。

三、反不正当竞争法

1993 年 9 月颁布的《中华人民共和国反不正当竞争法》是一部保护公平竞争、制止不正当竞争、保障社会主义市场经济健康发展的重要法律。

根据《反不正当竞争法》规定,不正当竞争是指经营者违反本法规定,损害其他经营者的合法权益,扰乱社会主义经济秩序的行为。

(一)不正当竞争行为的特征

1.主体的特定性

不正当竞争行为的实施主体是市场交易中的各类经营者,所谓经营者是指从事商品经营或者盈利性服务的法人、其他经济组织和个人。作为农村经纪人而言,显然属于经营者的范畴。因此农村经纪人在经营活动中,要通过合法的手段,通过市场竞争来扩大自身的利益,不可采用不正当竞争的手段获得利益。

2.行为的违法性

不正当竞争行为是经营者实施的违法行为,是违背商业道德的行为,属于《反不正当竞争法》明令禁止的行为。这是不正当竞争行为的基本特征,也是分析辨别具体市场交易行为属于正当竞争还是不正当竞争的主要标志,不正当竞争行为既包括违反了《反不正当竞争法》的禁止行为规定,也包括违背了竞争的基本原则和公认的商业道德的行为。

3.后果的危害性

不正当竞争行为会侵害其他经营者的财产权、名誉权、知识产权、公平竞争权等合法权益,给其他经营者造成财产损失或名誉损害,甚至导致其严重亏损或倒闭破产。不正当竞争行为不仅会损害与其有竞争关系的经营者,还会侵害潜在的竞争者以及一般的竞争者,同时还直接、间接地连带侵害广大的消费者、国家以及社会的利益。不正当竞争行为可以破坏整个竞争机制,助长恶劣的经营作风,使社会经济秩序陷入混乱。

(二)不正当竞争行为的类型

1.混淆行为

混淆行为主要指经营者采用假冒、仿冒、伪造等欺骗手段,不真实地告知购买者有关商品的制造者、商标、产地、质量等信息,导致或足以导致购买者误认误购的不正当竞争行为。根据《反不正当竞争法》第五条规定,经营者不得采取如下不正当手段从事市场交易,损害竞争对手:假冒他人的商标,擅自使用知名商品特有的名称、包装、装潢,或者使用与知名商品近似的名称、包装、装潢,造成和他人的知名商品相混淆,擅自使用他人的企业名称或姓名,让人误认为是他人的商品,在商品上伪造或冒用认证标志,伪造产地,对商品质量作让人误解的虚假表示。

2. 经济垄断行为

这是指公用企业或者其他依法具有独占地位的经营者限定他人购买其指定的经营者的用品,排挤其他经营者公平竞争的不正当竞争行为。这里的"公用企业",通常是指城镇中为适应公众生活需要而经营的具有公共利益性质的企业组织,例如经营自来水、煤气、电力、通讯的企业。"其他依法具有独占地位的经营者",是指除上述公用企业外,法律、行政法规规定的某些特殊行业具有独占地位的经营者,如根据烟草专卖法和药品方面的法律、行政法规规定而具有独占地位的企业。

3. 行政垄断行为

这是指政府及其所属部门滥用行政权力,限制他人购买其指定的经营者的商品,或限制商品的交易地域的不正当竞争行为。

4. 行贿受贿行为

这是指经营者为了推销或购买商品,以金钱、物品或其他不正当利益为诱饵进行贿赂等行为。《反不正当竞争法》第八条第1款规定:"经营者不得采用财物或者其他手段进行贿赂以销售或者购买商品。在账外暗中给予对方单位或者个人回扣的,以行贿论处;对方单位或者个人在账外暗中收受回扣的,以受贿论处。"

5. 虚假广告行为

这是指经营者利用广告或其他方法对商品或服务作不真实的公开宣传以及广告经营者作虚假广告的行为,这里的广告是指商业广告,即为了商业目的,通过报刊、广播、电视等媒介对商品或服务所进行的公开宣传。广告应当真实、合法,不得含有虚假的内容,不得欺骗和误导消费者。

6. 侵犯商业秘密行为

这是指以不正当的手段获取、披露、使用他人商业秘密或允许他人使用不正当手段获取商业秘密的行为。所谓商业秘密,是指不为公众所知悉、能为权利人带来经济利益,具有实用性并经权利人采用保密措施的技术信息和经营信息。商业秘密作为一种无形的财产权,可以给权利人带来经济利益,形成经济优势。侵犯商业秘密的行为,不仅给权利人造成经济损失,而且会给整个市场竞争环境、社会经济秩序造成严重的破坏。

7. 不正当亏本行为

这是指经营者以排挤竞争对手为目的,以低于成本的价格销售商品,属亏本性经营。从表面上看,这种销售方法对消费者是有利的,但是其本质是经济实力雄厚的经营者为了霸占市场,以牺牲自身的暂时经济利益为代价,搞垮竞争对手,等到其他竞争者被迫退出市场后再抬高商品的价格,以获取更高的垄断利润,最终损害消费者利益的行为。

8. 搭售和附加不合理条件的交易行为

这是指经营者销售商品时,违背购买者的意愿,强行搭售商品或者附加其他不合理条件的行为。这种搭售行为不仅会违背消费者意愿,侵害消费者权益,还会破坏公平竞争的市场秩序,构成了不正当竞争行为。

9. 不正当有奖销售行为

经营者采用巨额奖金或奖品促销商品,或者进行欺骗性有奖销售,或者利用有奖销售推销假冒商品、质次价高商品的行为。有奖销售作为一种促销手段,是正常的营销手段,而且对于激发购买者的购买欲望,刺激消费起到一定的作用。但是若通过有奖销售,利用消费者的盲目性和投机心理进行促销,甚至弄虚作假,从而损害消费者的合法权益,制造不公平竞争,就属于不正当的竞争行为。《反不正当竞争法》禁止的有奖销售有:采用谎称有奖或者故意让内定人员中奖的欺骗方式进行有奖销售;利用有奖销售的手段推销质次价高的商品;抽奖式有奖销售最高奖的金额超过

5 000元。

10.商业诽谤行为

这种行为是指经营者捏造、散布虚假事实、损害竞争对手的商业信誉、商品信誉的不正当竞争行为。在《反不正当竞争法》中对这样的行为作出了禁止性规定。对经营者信誉的任何诋毁或贬低,都可能会给该经营者的正常经营活动造成消极影响,甚至可能使其遭受严重的经济损失,最终必然破坏市场公平竞争的正常秩序。

11.不正当招投标行为

这是指投标者串通投标,以抬高或压低标价或招标者和投标者相互勾结,排挤竞争对手或压低标价的不正当竞争行为。投标者和招标者为排挤竞争对手进行相互勾结的行为,会给国家、集体等造成巨大损失。

对于以上种种反不正当竞争的表现行为,从法律责任上看,违反者承担的法律责任分为民事责任、行政责任和刑事责任三种。

四、食品卫生法

为保证食品卫生,防止食品污染和有害因素对人体的危害,保障人民身体健康,增强人民体质,我国制定了《中华人民共和国食品卫生法》。下面介绍该法的主要内容。

(一)食品卫生

食品生产经营过程中必须符合卫生要求,主要内容有以下几方面。

(1)保持内外环境整洁,采取消除苍蝇、老鼠、蟑螂和其他有害动物的措施,与有毒、有害场所保持规定的距离。

(2)食品生产经营企业应当有与产品品种、数量相适应的食品原料处理、加工、包装、储存等厂房或者场所。

(3)应当有相应的消毒、更衣、采光、照明、通风、防腐、防尘、防蝇、防鼠、洗涤、污水排放、存放垃圾和废弃物的设施。

(4)设备布局和工艺流程应当合理,防止待加工食品与直接入口的食品、原料与成品交叉污染,食品不得接触有毒物、不洁物。

(5)餐具、饮具和盛放直接入口食品的容器,使用前必须洗净、消毒,炊具、用具必须洗净,保持清洁。

(6)储存、运输和装卸食品的容器、包装材料、工具、设备必须安全,无害,保持清洁,防止食品污染。

(7)直接入口食品应当有小包装或者使用无毒、清洁的包装材料。

(8)食品生产经营人员应当保持个人卫生,生产、销售食品时,必须将手洗净,穿清洁的工作衣、帽,销售直接入口食品时,必须使用售货工具。

(9)饮用水必须符合国家规定的城乡生活饮用水卫生标准。

(10)使用洗涤剂、消毒剂应对人体安全、无害。

(二)食品容器、包装材料和食品用工具、设备的卫生

食品容器、包装材料和食品用工具、设备必须符合卫生标准和卫生管理办法的规定。各种食品容器、包装材料和食品用工具、设备本身不是食品,但由于这类产品直接或间接接触食品,可能在食品生产加工、储藏、运输和经营过程中造成食品污染,或容器包装材料中有害物质迁移到食品中,因此,必须对这类产品的生产经营和使用进行严格的卫生管理。

食品容器、包装材料和食品用工具、设备的生产必须采用符合卫生要求的原材料,产品应当便于清洗和消毒。

五、质量法

(一)产品质量法的内涵

产品质量法有广义和狭义之分。广义的产品质量法是指所有调整产品质量的法律法规的总称。狭义的产品质量法指我国现行

的 1993 年 2 月 22 日第七届全国人大常委会第十三次会议通过，
2000 年 7 月 8 日第九届全国人大常委会第十六次会议修改的《中华人民共和国产品质量法》。

产品质量，是指产品性能在正常使用条件下，满足合理使用用途要求所必备的物质、技术、心理和社会特征的总和。

(二)《中华人民共和国产品质量法》适用范围

新修改的《中华人民共和国产品质量法》重新规定了适用的产品范围。所谓产品，广义泛指与自然物相对的一切劳动生产物。我国《中华人民共和国产品质量法》规定的产品是指"经过加工、制作，用于销售的产品"。没有经过销售、制作，如天然产品、初级农产品，或者不是以销售为目的的产品，不在《中华人民共和国产品质量法》规范的范围。另外，工业、民用建筑物不适用《中华人民共和国产品质量法》，但这些建筑工程所需要的建筑材料，如水泥、钢筋等是工业产品，属于《中华人民共和国产品质量法》调整的范围。《中华人民共和国产品质量法》规定："在中华人民共和国境内从事产品生产、销售活动，必须遵守本法。"当然也包括了在中国境内从事产品生产和销售的外国人和无国籍人。此外，还包括没有合法市场主体资格而从事产品的生产、销售活动的人。例如，无照摊贩、制造假冒伪劣产品的地下工厂等，要根据本法的规定予以打击和制裁。

(三)产品质量监督管理

我国现行的产品质量监督管理体制，依照产品质量法的规定，主要有以下几个基本机构。

1. 国务院产品质量监督部门

国务院产品质量监督部门，负责主管全国产品质量监督工作，主要职责是对产品质量进行宏观的监督和指导，即统一制定有关产品质量监督的方针政策，草拟或者发布有关质量的法规和规章，推广现代化质量管理方法,负责国家质量奖的评审和管理工作,负责国优产品的评审和评优管理工作,负责生产许可证的管理工作。

2. 县级以上地方产品质量监督部门

县级以上地方产品质量监督部门,负责主管本行政区域内的产品质量监督工作。主要职责是按照国家法律、法规规定的职责和省级人民政府赋予的职权,负责本行政区域内的产品质量管理工作。

3. 国务院和县级以上地方人民政府设置的有关行业主管部门

其主要职责是按照同级人民政府赋予的职权,负责本行政区域内,本行业关于产品质量方面的行业监督和生产经营管理。

(四)产品质量的认证制度

《中华人民共和国产品质量法》第十四条第 2 款规定:"国家参照国际先进的产品标准和技术要求,推行产品质量认证制度。生产实体根据自愿原则,可以向国务院产品质量监督部门认可的、或者国务院产品质量监督部门授权的部门认可的认证机构申请产品质量认证。经认证合格的,由认证机构颁发产品质量认证证书,准许企业在产品或者其包装上使用产品质量认证标志。"这是我国产品质量法中关于产品质量认证制度的原则规定。

产品质量认证分为安全认证和合格认证两种。安全认证是国家认可的认证机构对涉及人身健康、财产安全的产品,依据国家或行业安全标志对产品中的安全性能进行的认证。合格认证主要是看产品是否符合国家产品标准或行业产品标准,目的是向消费者说明这个产品是合格的、优质的。

(五)产品质量的监督检查制度

我国法律法规关于产品质量监督检查制度的规定主要有以下基本内容。

1. 产品质量监督检查制度的主要形式

目前,我国产品质量监督检查制度的主要形式有国家监督抽查、产品质量定期监督检查、地方性日常监督检查和产品质量统一检测等。

2. 产品质量监督检查的重点产品

质量监督检查的重点产品有三类：一是危及人体健康和人身、财产安全的产品，主要包括药品、食品、医疗器械、化妆品、易燃易爆产品、锅炉压力容器等；二是影响国计民生的重要工业产品，主要包括化肥、农药、种子、计量工具、烟草、有安全要求的建筑用钢筋、水泥等；三是消费者、有关组织反映有质量问题的产品，是指那些假冒伪劣产品，例如，掺杂使假、以次充好、以假充真、以旧充新、以不合格冒充合格的产品等。

（六）产品质量责任

产品质量责任，是指产品的生产者、销售者以及对产品质量负有直接责任的人违反产品质量义务应承担的法律后果。产品质量责任的认定对于生产经营者将起到约束作用。产品质量责任分为民事责任、行政责任和刑事责任。

1. 民事责任

产品质量法规定的产品质量民事责任分为产品瑕疵担保民事责任和产品侵权民事责任两种。

产品瑕疵担保责任又称产品质量合同责任，是指买卖合同的一方当事人（卖方）违反产品质量担保所应承担的违约责任。

产品侵权民事责任是指产品的生产者、销售者因其生产、售出的产品造成他人人身、财产（指产品以外的其他财产）损害而依法应承担的赔偿责任。产品侵权民事责任实际上就是通常所说的产品责任。

2. 行政责任

产品质量行政责任是指生产者、销售者以及其他有关人员违反产品质量法所应承担的行政法律后果。

3.刑事责任

是指生产者、销售者以及其他有关人员违反产品质量法规，依照刑法所应承担的刑事法律后果。

参考文献

[1]李治民,冯少辉.新农民经纪人培训教材.北京:金盾出版社,2008

[2]戴昀弟,黄权.农村经纪人知识问答.北京:中国农业出版社,2007

[3]浙江省供销社职业技能鉴定中心.农产品经纪人.杭州:浙江大学出版社,2007

[4]农业部农村科技教育培训中心,北京农业技术学院组编.农村经纪人读本.北京:中国农业大学出版社,2006

[5]弓永华,郭建平.农民经纪人简明读本.北京:中国社会科学出版社,2006

[6]张森,赵克伟等.农村经纪人简明读本.济南:山东人民出版社,2006

[7]中华全国供销合作总社职业技能鉴定指导中心.农产品经纪人基础知识.北京:中国财政经济出版社,2005

[8]农业部行业职业技能培训教材编审委员会编.农产品经纪人.北京:中国农业出版社,2004